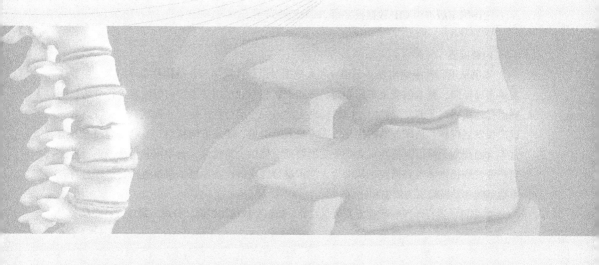

产业专利导航丛书

退行性疾病产业
专利导航

主 编◎刘二伟 何俗非

知识产权出版社
全国百佳图书出版单位
—北京—

图书在版编目（CIP）数据

退行性疾病产业专利导航 / 刘二伟，何俗非主编 . —北京：知识产权出版社，2024.9.

ISBN 978-7-5130-9515-0

Ⅰ. G306.72；R971

中国国家版本馆 CIP 数据核字第 2024KQ8954 号

内容提要

本书从退行性疾病出发，运用专利大数据对退行性疾病产业结构及布局导向、企业研发及布局导向、技术创新及布局导向、协同创新和专利运用热点方向等内容进行分析，明确退行性疾病产业的发展方向，同时梳理天津市关于退行性疾病产业现状、产业特点和知识产权发展现状，从产业结构优化、人才培养及引进、研发方向指引、专利布局及专利运营等方面规划天津市退行性疾病产业发展路径、提供决策建议，为中国其他区域退行性疾病产业发展提供参考和借鉴，从而为天津市退行性疾病产业发展的决策提供更清晰且符合本地基础和发展需求的依据和建议。

本书可供退行性疾病产业相关从业人员、知识产权机构咨询、分析、管理人员等参考。

责任编辑：彭喜英　　　　　　　　　责任印制：孙婷婷

封面设计：杨杨工作室·张冀

退行性疾病产业专利导航
TUIXINGXING JIBING CHANYE ZHUANLI DAOHANG

刘二伟　　何俗非　主编

出版发行	知识产权出版社 有限责任公司	网　　址	http：//www.ipph.cn
电　　话	010-82004826		http：//www.laichushu.com
社　　址	北京市海淀区气象路 50 号院	邮　　编	100081
责编电话	010-82000860 转 8539	责编邮箱	laichushu@cnipr.com
发行电话	010-82000860 转 8101	发行传真	010-82000893
印　　刷	北京中献拓方科技发展有限公司	经　　销	新华书店、各大网上书店及相关专业书店
开　　本	720mm×1000mm　1/16	印　　张	14.75
版　　次	2024 年 9 月第 1 版	印　　次	2024 年 9 月第 1 次印刷
字　　数	276 千字	定　　价	88.00 元

ISBN 978-7-5130-9515-0

—— 编 委 会 ——

序　言

2013 年，国家知识产权局发布《关于实施专利导航试点工程的通知》，首次正式提出专利导航是以专利信息资源利用和专利分析为基础，把专利运用嵌入产业技术创新、产品创新、组织创新和商业模式创新，引导和支撑产业实现自主可控、科学发展的探索性工作。随后国家专利导航试点工程面向企业、产业、区域全面铺开，专利导航的理念延伸到知识产权分析评议、区域布局等工作，并取得明显成效。2021 年 6 月，用于指导、规范专利导航工作的《专利导航指南》（GB/T 39551—2020）系列推荐性国家标准正式实施，该系列标准对于规范和引导专利导航服务，培育和拓展专利导航深度应用场景，推动和加强专利导航成果落地实施具有重要意义。2021 年 7 月，国家知识产权局发布《关于加强专利导航工作的通知》，要求各省级知识产权管理部门将专利导航服务基地建设作为加强地方专利导航工作的重要抓手，做好布局规划，构建起特色化、规范化、实效化的专利导航服务工作体系，使专利导航促进产业创新发展的重要作用得到有效发挥。

退行性疾病是指随着年龄增长而逐渐出现的身体功能减退、组织结构退化和器官衰竭的疾病。随着人类平均寿命的延长，退行性疾病的发生率逐年上升。退行性疾病通常难以逆转和治愈，需要长期的治疗和护理，耗费大量的医疗资源，对患者的生活和身心健康产生极大的负面影响，也给社会保障体系带来了巨大的压力。随着医学的发展，医学科研人员对退行性疾病进行了大量基础研究和临床研究，尝试探明退行性疾病的发病机制，积极探索针对退行性疾病的有效治疗方法和药物，提高患者的治疗效果和生活质量。

本书从退行性疾病出发，重点围绕骨质疏松、骨与关节退行性疾病、神经退行性疾病、心血管退行性疾病、眼退行性疾病五大分支，通过专利大数据等对退行性疾病产业结构及布局导向、企业研发及布局导向、技术创新及布局导向、协同创新热点方向、专利运用热点方向等进行分析，明确退行性疾病产业发展方向，同时梳理天津市关于退行性疾病产业现状、产业特点和知识产权发展现状，从产业结构优化、人才培养及引进、研发方向指引、专利布局及专利运营等方面规划天津市退行性疾病产业发展路径并提供决策建议，为中国其他区域退行性疾病产业发展提供参考和借鉴，从而为天津市退行性疾病产业发展未来的决策提供更清晰且符合本地基础和发展需求的依据和建议。

目 录

CONTENTS

第 1 章　研究概况

1.1　研究背景

退行性疾病是指随着年龄增长而逐渐出现的身体功能减退、组织结构退化和器官衰竭的疾病。随着人类平均寿命的延长，退行性疾病的发生率逐年上升。退行性疾病通常难以逆转和治愈，需要长期治疗和护理，耗费大量的医疗资源，对患者的生活和身心健康产生极大的负面影响，也给社会保障体系带来巨大的压力。

随着医学的发展，医学科研人员对退行性疾病进行了大量基础研究和临床研究，尝试阐明退行性疾病的发病机制，积极探索针对退行性疾病的有效治疗方法和药物，提高患者的治疗效果和生活质量。

天津市属于京津冀的核心城市，生物医药产业是天津市打造"1+3+4"现代工业产业体系的重点之一。天津市在中药、化学药、生物制药、医疗器械等领域聚集了一大批医药企业，产品优势全国领先；多家知名高校提供了生物医药科研平台；搭建了一批高水平产业创新平台，建立了多个生物医药特色产业园区、专业化众创空间和专业化孵化器。天津市在退行性疾病产业方面拥有发展基础与创新优势。

本书将从退行性疾病出发，通过专利大数据等分析，对退行性疾病产业结构及布局导向、企业研发及布局导向、技术创新及布局导向、协同创新热点方向、专利运用热点方向等内容的分析，明确退行性疾病产业发展方向，同时梳理天津市关于退行性疾病产业现状、产业特点和知识产权发展现状，从产业结构优化、人才培养及引进、研发方向指引、专利布局及专利运营等方面规划天津市疾病产业发展路径、提供决策建议，为中国其他区域退行性疾病产业发展提供参考和借鉴，从而为天津市本地退行性疾病产业未来发展的决策提供更清晰且符合本地基础和发展需求的依据和建议。

1.2 研究对象及检索范围

1.2.1 产业技术分解

衰老是生命过程中的自然规律，退行性改变发生于全身各个生理系统。退行性疾病的边界较为模糊，概念界定较难。在确定研究对象时，通过资料搜集和专家咨询等方式，项目组全面了解了退行性疾病技术领域，根据资料和咨询结果并基于天津市的重点发展方向，确定了技术分解表（表 1-1），划分了 1 个一级技术，5 个二级技术、12 个三级技术。

表 1-1　退行性疾病产业技术分解

一级分支	二级分支	三级分支
退行性疾病	骨质疏松	基础补钙
		调节骨代谢
		中医药
	骨与关节退行性疾病	
	神经退行性疾病	生物技术
		化学药
		中医药
		诊疗材料和设备
	心血管退行性疾病	生物技术
		化学药
		中医药
		食品保健
		诊疗材料和设备
	眼退行性疾病	

1.2.2 专利检索及结果

1.2.2.1 数据库名称和简介

本研究使用的专利工具为中国知识产权大数据与智慧服务系统（DI Inspiro）、智慧芽全球专利数据库（PatSnap）等。

DI Inspiro 是由知识产权出版社有限责任公司开发创设的国内第一个知识产权大数据应用服务系统。目前，DI Inspiro 已经整合了国内外专利、商标、版权、判例、标准、科技期刊、地理标志、植物新品种和集成电路布图设计 9

大类数据资源，实现了数据的检索、分析、关联、预警、产业导航和用户自建库等多种功能，旨在为全球科技创新和知识产权保护提供最优质、高效的知识产权信息服务。

PatSnap 是一款全球专利检索数据库，整合了从 1790 年至今全球 116 个国家或地区超过 1.4 亿条专利数据、1.37 亿条文献数据、97 个国家或地区的公司财务数据。提供公开、实质审查、授权、撤回、驳回、期限届满、未缴年费等法律状态数据，还包括专利许可、诉讼、质押、海关备案等法律事件数据。支持中文、英文、日文、法文、德文 5 种检索语言；提供智能检索、高级检索、命令检索、批量检索、分类号检索、语义检索、扩展检索、法律检索、图像检索、文献检索 10 大检索方式，其中图像检索覆盖 53 个国家和地区的外观设计数据。

1.2.2.2 检索范围

本研究围绕退行性疾病产业，检索范围为全球，涵盖了世界绝大多数国家和地区的专利数据，包括美国、日本、韩国、德国、法国、中国，以及组织如欧洲专利局（EPO）和世界知识产权组织（WIPO）等。

1.2.2.3 数据检索量

所有数据的检索截止日期为 2023 年 8 月 31 日（表 1-2）。

表 1-2 退行性疾病专利数据检索结果

一级分支	二级分支	三级分支	专利数量 / 项		
			全球	中国	天津市
退行性疾病	骨质疏松	基础补钙	1 864	1 150	26
		调节骨代谢	12 543	4 959	82
		中医药	1 979	1 870	32
	骨与关节退行性疾病		28 332	23 188	320
	神经退行性疾病	生物技术	15 833	4 457	27
		化学药	46 416	20 166	153
		中医药	4 205	2 630	40
		诊疗材料和设备	12 061	3 949	72
	心血管退行性疾病	生物技术	14 315	5 592	58
		化学药	31 483	14 211	311
		中医药	11 176	9 796	381
		食品保健	10 406	8 470	164
		诊疗材料和设备	15 304	6 818	163
	眼退行性疾病		23 962	12 296	142

1.2.3　专利文献的去噪

由于分类号和关键词的特殊性，查全得到的专利文献中必定含有一定数量超出分析边界的噪声文献，因此需要对查全得到的专利文献进行噪声文献的剔除，即专利文献的去噪。本研究主要通过去除噪声关键词对应的专利文献再结合人工去噪的方式进行。首先提取噪声文献检索要素，找出引入噪声的关键词，对涉及这些关键词的专利文献进行剔除。在完成噪声文献词去噪后，对被清理的专利文献进行人工处理，找出被误删的专利文献，最终得到待分析的专利文献集合。

1.2.4　检索结果的评估

对检索结果的评估贯穿整个检索过程，在查全与去噪过程中需要分阶段对所获得的数据文献集合进行查全率与查准率的评估，保证查全率与查准率均在 80% 以上，以确保检索结果的客观性。

1.2.4.1　查全率

查全率是指检出的相关文献量与检索系统中相关文献总量的比率，是衡量信息检索系统检出相关文献能力的尺度。

专利文献集合的查全率定义如下：设 S 为待验证的待评估查全专利文献集合，P 为查全样本专利文献集合（P 集合中的每篇文献都必须与分析的主题相关，即"有效文献"），则查全率 r 可以定义为：$r = \text{num}(P \cap S)/\text{num}(P)$ 其中，$P \cap S$ 表示 P 与 S 的交集，$\text{num}(\ )$ 表示集合中元素的数量。

评估方法：本项目各技术主题根据各自检索的实际情况，分别采取分类号、关键词等方式进行查全评估。

1.2.4.2　查准率

专利文献集合的查全率定义如下：设 S 为待评估专利文献集合中的抽样样本，S' 为 S 中与分析主题相关的专利文献集合，则待验证的集合的查准率 p 可定义为：$p = \text{num}(S')/\text{num}(S)$ 其中，$\text{num}(\ )$ 表示集合中元素的数量。

评估方法：根据技术主题各自的实际情况，采用各技术分支抽样人工阅读的方式进行查准评估。

最终，在本书的研究中查全率与查准率都已经做到技术主题各自的最优平衡。

1.2.5　检索后的数据处理

专利检索分解后，依据本书研究内容分解后的技术内容对采集的数据进行加工整理，本书研究内容的数据处理包括数据规范化和数据标引。数据规范化是加工过程的第一阶段，是后续工作开展的基础，直接影响数据分析的结论。首先对专利信息和非专利数据采集信息按照特定的格式进行数据整理，规范化处理，保证统一、稳定的输出规范，形成直观和便于统计的 Excel 文件，生成完整、形式规范的数据信息。然后根据分析目标，以达到深度分析的目的，对专利文献作出相应的数据标引，标引结果的准确性和精确性也直接影响专利分析的结果。

1.2.6　相关数据约定及术语解释

1.2.6.1　数据完整性

本书研究的检索截止日期为 2023 年 8 月 31 日。由于发明专利申请自申请日（有优先权的自优先权日）起 18 个月公布，实用新型专利申请在授权后公布（其公布的滞后程度取决于审查周期的长短），而 PCT 专利申请可能自申请日起 30 个月甚至更长时间才进入国家阶段，其对应的国家公布时间就更晚。

因此，检索结果中包含的 2021 年之后的专利申请量比真实的专利申请量少，具体体现为分析图表可能出现各数据在 2021 年之后突然下滑的现象。

1.2.6.2　申请人合并

对申请人字段进行清洗处理。专利申请人字段往往出现不一致的情况，如申请人字段"A（集团）公司""B（集团）公司""C（集团）公司"，将这些申请人公司名称统一；另外对前后使用不同名称而实际属于同一家企业的申请人统一为现用名；对于部分企业的全资子公司的申请全部合并到母公司申请。

1.2.6.3　对专利"件"和"项"数的约定

本书的研究涉及全球专利数据和中文专利数据。在全球专利数据中，将同一项发明创造在多个国家申请而产生的一组内容相同或基本相同的系列专利申请称为同族专利，将这样的一组同族专利视为一"项"专利申请。在中文专利数据库中，针对同一申请号的申请文本和授权文本等视为同一"件"专利。

1.2.6.4　同族专利约定

在全球专利数据分析时，存在一件专利在不同国家申请的情况，这些发明内容相同或相关的申请被称为专利族。优先权完全相同的一组专利被称为狭义同族，具有部分相同优先权的一组专利被称为广义同族。本书研究的同族专利指的是狭义同族，即一件专利如进行海外布局则为一组狭义同族。

1.2.6.5　有关法律状态的说明

有效专利：到检索截止日为止，专利权处于有效状态的专利申请。

失效专利：到检索截止日为止，已经丧失专利权的专利或者自始至终未获得授权的专利申请，包括被驳回、视为撤回或撤回、被无效、未缴纳年费、放弃专利权、专利权届满等无效专利。

审中专利：该专利申请可能还未进入实质审查程序或者处于实质审查程序中。

1.2.6.6　其他约定

《专利合作条约，PCT》规定，专利申请人可以通过 PCT 途径递交国际专利申请，向多个国家申请专利，由世界知识产权组织（WIPO）进行国际公开，经过国际检索、国际初步审查等国际阶段之后，专利申请人可以办理进入指定国家的手续，最后由该指定国的专利局对该专利申请进行审查，符合该国专利法规定的，授予专利权。

中国申请是指在中国大陆受理的全部相关专利申请，即包含国外申请人以及本国申请人向国家知识产权局提交的专利申请。由于中国大陆和港澳台地区的专利制度相互独立，因此以上定义均不包括港澳台地区。

国内申请是指专利申请人地址为在中国大陆的申请主体，向国家知识产权局提交的相关专利申请。

在华申请是指国外申请人在国家知识产权局的相关专利申请。

第 2 章　退行性疾病产业基本情况分析

本章对全球、中国退行性疾病的现状、药物发展现状、产业规模、政策环节、研发主题现状进行分析，梳理退行性疾病产业基本情况。

由于退行性疾病产业涉及的疾病复杂，边界不是十分清晰，本章主要针对本书重点关注的几个退行性疾病领域进行分析，包括骨质疏松、骨与关节退行性疾病、神经系统退行性疾病、心血管退行性疾病、眼退行性疾病这五个领域，与表 1-1 所列的技术分解对应。

2.1　产业发展现状分析

2.1.1　退行性疾病的现状

衰老是生命过程中的自然规律，人体生长发育到 30 岁达到高峰，一旦过了 30 岁，人体的组织结构和生理功能会逐渐出现退行性变化。随着社会的进步，人类平均寿命的延长，老年人比例的日益增加，人口老龄化已成为世界性突出问题。根据联合国 2022 年世界人口形势报告，2015 年以后，世界人口年龄结构发生极大变化，老龄化加剧，人口结构将由青少年型转为中老年型。2015—2020 年老年人口占比由 8.2% 上升至 9.3%，每年增长 0.2 个百分点。根据联合国预测，世界人口分别在 2040 年、2080 年左右进入"深度老龄化""超级老龄化"阶段；根据 IIASA 预测，分别在 2040 年、2060 年左右进入"深度老龄化""超级老龄化"阶段。国家统计发布的《第七次全国人口普查公报（第五号）人口年龄构成情况》中显示，60 岁及以上人口占比18.7%，65 岁及以上人口占比为 13.5%，与 2010 年第六次全国人口普查相比，60 岁及以上人口的占比上升 5.4 个百分点，65 岁及以上人口的占比上升 4.6个百分点。退行性疾病的发生对于老年人的生存、生活质量产生广泛的不良影响。

2.1.1.1 骨质疏松

骨质疏松是一类由增龄衰老等原因引起的，以骨量减少和骨微结构退化，导致骨质变薄、变脆而容易发生骨折为主要特征的常见骨骼疾病。骨质疏松早期症状一般不明显，但随着病情的加重，可能会出现背部疼痛、身高缩短、腰椎压缩性骨折等。因此，骨质疏松常被称为"沉默的杀手"。美国80岁以上的白人妇女中，有80%的人患骨质疏松症，在加拿大，约1/4的女性患骨质疏松症。中华医学会骨质疏松和骨矿盐疾病分会专家共同撰写的《原发性骨质疏松症诊疗指南（2022）》根据以上流行病学资料估算，目前我国骨质疏松症患者约为9 000万人，其中女性约7 000万人；在50岁以上人群中，骨质疏松症患病率为19.2%，其中女性为32.1%，男性为6.9%；60岁以上人群骨质疏松症患病率为32%，其中女性为51.6%，男性为10.7%。我国骨质疏松症的患病率高，危害极大，但公众对骨质疏松症的知晓率及诊断率仍然很低，分别仅为7.4%和6.4%；甚至在脆性骨折发生后，骨质疏松症的治疗率也仅为30%。因此，我国骨质疏松防治面临患病率高，但知晓率、诊断率、治疗率低（"一高三低"）的严峻挑战；同时，我国骨质疏松症诊疗水平在地区间和城乡间尚存在明显差异。上海市中医药研究院脊柱病研究所的研究团队联合全国11家单位在《公共卫生前沿期刊》发表研究成果，主题为《中国骨质疏松症的患病率——一项基于社区的骨质疏松症队列研究》。研究显示，我国骨质疏松症患病率超1/3，女性病患几乎两倍于男性。在45岁以上女性和50岁以上男性的中老年人群中，骨质疏松症的标化患病率为33.49%，其中男性为20.73%，女性为38.05%。骨质疏松症的标化患病率地区差异也较明显，上海、北京等地的患病率较低，江西、云南等内陆地区的骨质疏松症标化患病率较高，研究还发现，年龄在60岁以上、BMI低于18.5千克/平方米、吸烟人群、有过骨折史的女性等，均是骨量减少及骨质疏松症的风险因素。

2.1.1.2 骨与关节退行性疾病

退行性关节病（degenerative joint disease）一词最早由尼克尔斯（Nichols）和理查森（Richardson）于1909年提出，骨与关节退行性疾病这一概念被理解为因各种因素导致骨与关节发生退行性改变引起不适，如患部疼痛、功能受限或障碍者。其范围应包括脊柱的颈椎病、退行性胸椎管狭窄症、退行性腰椎滑脱症、退行性腰椎管狭窄症、非外伤性腰椎间盘突出症、脊柱骨质增生症、颈腰部劳损等，四肢的退行性髋关节炎、退行性膝关节病、跟痛症、肩周炎、网球肘、腱鞘炎、各种劳损、四肢骨质增生症等。世界卫生组织公布，骨关节炎是一种退行性关节疾病，2019 年，全球约有 5.28 亿人患有骨关节炎；自 1990 年以来增长了 113%，约 73% 的骨关节炎患者年龄在 55 岁以上，且 60% 为女性，随着人口老龄化加剧，全球骨关节炎的患病率预计将继续提高（2019 年全球疾病负担）。中华医学会制定的《中国骨关节炎诊疗指南（2021 年版）》中记载，我国 40 岁以上人群原发性骨关节炎的总体患病率已高达 46.3%，随着我国人口老龄化程度的不断加剧，患病率有逐年上升的趋势。

2.1.1.3　神经退行性疾病

神经退行性疾病是大脑和脊髓神经元丧失导致功能障碍的疾病状态，包括 Tau 蛋白疾病（主要是阿尔茨海默病，Alzheimer's disease，AD，也被称作老年痴呆）、帕金森病、神经系统遗传变性疾病（主要是亨廷顿病）、运动神经元疾病（肌萎缩型脊髓侧索硬化症、进行性延髓麻痹和脊髓性肌萎缩症）等 11 大类。神经退行性疾病是慢性高发疾病，严重威胁人类健康和生活质量。随着老龄化的加剧，神经退行性疾病患病人数逐年上升。世界卫生组织（WHO）网站数据显示，痴呆症目前是第七大死因，也是造成全球老年人能力丧失和依赖他人的主要原因之一；阿尔茨海默病是痴呆症最常见的形式，可能占病例数的 60% ～ 70%，患痴呆症风险增加的首要因素是年龄（在 65 岁或以上的人中更常见）。2019 年，痴呆症造成全球经济损失达 1.3 万亿美元。2019 年全球痴呆患者数量达到 5 500 万人。假设在未来几十年特定年龄的患病率没有变化，并应用联合国人口预测，预计到 2030 年将有大约 7 800 万人患有痴呆症，到 2050 年该数值将攀升至 1.39 亿人次。世界卫生组织预测，到 2040 年，神经退行性疾病将会取代癌症，成为人类第二大致死疾病。目前神经退行性疾病的发病机理尚未明确，治疗药物很少，且仅能缓解症状，无法逆转或阻止神经元的丧失。

2.1.1.4　心血管退行性疾病

心血管系统的退行性病变是最常见的心血管疾病，其随着时间的推移而造成对机体的损伤，最初只是隐匿的，只有当疾病加重时才出现症状，包括急性冠脉综合征、心肌病、心衰、高血压以及肺动脉高压。其中急性冠脉综合征包括心绞痛、心肌梗死等。作为威胁人类生命健康的"头号杀手"，心血管疾病的发病和死亡人数一路攀升。根据世界卫生组织公布的数据，每年有 1 790 万人死于心血管疾病，相当于每 3 个死亡病例中就有 1 人死于心血管疾病。而来自世界心脏联盟（WHF）的数据显示，全球心血管疾病患者已超过 5 亿人。尽管过去半个世纪心血管疾病防治取得了相当大进展，但它仍是当下全球致死致残的主要疾病负担之一。一项发表于《美国心脏病学会杂志》（JACC）子刊 JACC：Asia 报道：亚洲因心血管疾病死亡的人数正在迅速增加，从 1990 年至 2019 年，心血管疾病导致的死亡人数从 560 万人增加至 1 080 万人，占死亡的总比例从 23% 增加至 35%，男性和女性的心血管疾病死亡率均持续增加。在这些心血管疾病死亡中，近 39% 为过早死亡，即 70 岁以下死亡，明显高于欧洲（22%）、美国（23%）和全球（34%）。《中国心血管健康与疾病报告 2021》显示，2019年农村、城市心血管病分别占死因的 46.74% 和 44.26%。每 5 例死亡中就有 2 例死于心血管病。报告指出，我国正面临人口老龄化的压力，心血管病负担仍将持续增加，推算心血管病现患人数 3.3 亿人，其中脑卒中 1 300 万人，冠心病 1 139万人，心衰 890 万人，肺源性心脏病 500 万人，房颤 487 万人，风湿性心脏病250 万人，先天性心脏病 200 万人，下肢动脉疾病 4 530 万人，高血压 2.45 亿人。

2.1.1.5 眼退行性疾病

眼退行性疾病主要包括视网膜退行性疾病、白内障等眼内疾病以及眼睑疾病。视网膜退行性疾病（retinal degeneration，RD）是一种以视网膜细胞渐进性凋亡为主、视网膜的完整性被破坏直到视觉功能完全丧失的慢性疾病，全球 RD 患者多达 0.3 亿人。在中国，视觉障碍是继听觉障碍之后第二大致残疾病，超过 3.3% 的中国人遭受不同程度的影响，其中视网膜退行性疾病是主要的致盲因素之一，严重影响患者的生活质量。临床高发的疾病类型包括年龄相关的黄斑变性、糖尿病视网膜和黄斑营养不良。白内障的主要原因是人体老化，90% 以上的白内障患者是年龄比较高的患者，随着年龄的增长，白内障的发病率也会相应地增加。60 岁以上的老年人中 96% 的人存在不同程度的白内障。退行性下睑内翻是老年人的常见眼病，患者的下睑缘向眼球方向翻转，睫毛与眼表接触，由于睫毛的刺激，可出现由于眼角膜上皮损伤引起的异物感、疼痛、流泪等症状，病情严重者可出现角膜浸润、溃疡、血管翳甚至混浊，严重影响视力，甚至最终致盲。目前手术是治疗本病的主要手段，通过手术矫正，可恢复患者下睑缘的正常位置，缓解眼部刺激症状，减轻患者的痛苦。

2.1.2 退行性疾病药物发展现状

2.1.2.1 全球

1. 骨质疏松

按照作用机理的不同，骨质疏松症治疗药物目前分为 6 大类，包括基础治疗药、骨吸收抑制剂、骨形成促进剂、双重作用的药、其他机制类药物及中成药。

药物治疗骨质疏松症的历史可以追溯到 20 世纪 50 年代的雌激素疗法。当时，人们认为激素能够有效地减缓骨密度的下降。然而，到了 20 世纪 80 年代，随着对雌激素疗法安全性的进一步了解，其使用出现了限制。同时，人们也开始寻找其他治疗方法。

（1）钙和维生素 D：20 世纪 90 年代，人们开始重视钙和维生素 D 的作用。钙和维生素 D 作为骨质疏松症的基础治疗药，是目前最常用的药物之一。钙是构成骨质的重要成分之一，而维生素 D 则能够促进钙的吸收和利用。因此，适量补充钙和维生素 D 可以减缓骨密度下降的进程，降低骨折的风险。此外，补充钙和维生素 D 也能够减轻关节疼痛和肌肉疼痛等不适症状。

（2）抗骨质疏松药物：骨吸收抑制剂和骨形成促进剂的出现为骨质疏松症的治疗提供了新的选择。表 2-1 展示了目前市面上主要的抗骨质疏松的药物。

表 2-1　目前市面上主要的抗骨质疏松的药物

作用机制	药物分类	代表药物
骨吸收抑制剂	双膦酸盐类	阿仑膦酸钠、唑来膦酸、利塞膦酸钠、伊班膦酸等
	降钙素类	鲑降钙素、依降钙素等
	雌激素类	雌激素、孕激素等
	选择性雌激素受体调节剂（SERMs）	雷洛昔芬等
	RANKL 单抗	地舒单抗等
骨形成促进剂	甲状旁腺激素类似物（PTHa）	特立帕肽等
抗骨吸收和促骨形成双重作用	活性维生素 D 及类似物	骨化三醇、阿法骨化醇、艾地骨化醇等
	维生素 K2 类	四烯甲萘醌等
	复方制剂	阿仑膦酸钠维 D3 等
	硬骨抑素单克隆抗体	罗莫佐单抗（romosozunab）等

从具体药物来看，地舒单抗是全球首个抗骨质疏松 RANKL 单抗。地舒单抗能够抑制 RANKL 与其受体结合，抑制破骨细胞功能，从而降低骨吸收、增加骨密度。

罗莫佐单抗是全球首个抗骨质疏松硬骨素（SOST）单抗。罗莫佐单抗通过抑制硬骨素的活性，拮抗其对骨代谢的负向调节作用，在促进骨形成的同时抑制骨吸收。美国食品药品监督管理局（Food and Drug Administration，FDA）三项关键 3 期试验数据均表明，罗莫佐单抗能够显著降低新发椎骨骨折的风险，并能显著增加患者骨密度。

未来靶向 RANKL 及硬骨素是抗骨质疏松药物研发的重点方向。

根据医药市场分析公司（Evaluate Pharma）的估计和预测，全球骨质疏松市场的规模为 65 亿美元，甲状旁腺激素（PTH）为 15.7 亿美元，占比 24%。但未来 7 年内甲状旁腺激素类几乎无增长。由于仿制药的进入，其他 PTH 类似物以及以单抗为主的多种新靶点药物的上市将导致特立帕肽面临激烈的竞争，预计未来以特立帕肽为主的甲状旁腺激素及类似物将面临价格大幅下降、销量有限上升的局面。未来骨硬化蛋白抑制剂、RANKL 单抗以及选择性雌激素受体调节剂（CSERM）将成为增长主力。

2. 骨与关节退行性疾病

退行性骨关节病的治疗目的主要是改善患者关节功能，减轻其疼痛感，从而避免关节功能减退，提升患者生活质量。2018 年版《骨关节炎诊疗指南》首次提出了阶梯化的治疗理念和策略，具体如图 2-1 所示。在发病初期通常只需进行一些运动治疗和物理治疗，而当病情进一步发展，则需要使用药物进行缓解，更严重的情况则需要进行介入手术或者关节置换。

关节
置换术

修复性治疗
（关节镜手术等）

药物治疗
（非甾体抗炎药，阿片类镇痛药，关节腔
注射药物，缓解症状的慢性药物，中成药）

基础治疗
（患者教育，运动治疗，物理治疗，运动辅助）

图 2-1　阶梯化的治疗理念和策略

其中，在退行性骨关节病发生发展的不同阶段，药物治疗贯穿其中，以膝骨关节炎的各个阶段的治疗措施为例，除初期阶段通常只需要基础治疗外，其他几个阶段都需要采用药物治疗，如图 2-2 所示。

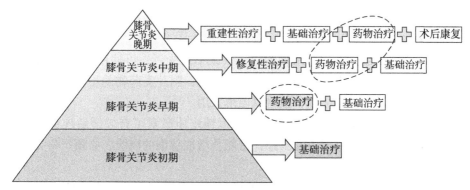

图 2-2　膝骨关节炎的各个阶段的治疗措施

　　具体到药物治疗方面，可根据骨关节炎患者病变的部位及病变程度，内外结合，进行个体化、阶梯化的药物治疗。

　　（1）非甾体类抗炎类药物（NSAIDs）：是退行性骨关节病患者缓解疼痛、改善关节功能最常用的药物，包括局部外用药物和全身应用药物。NSAIDs 是临床应用最广泛的治疗骨关节炎的药物（图 2-3），保守治疗期常用对乙酰氨基酚、双氯芬酸钠、塞来昔布等，围术期以 COX-2 抑制剂帕瑞昔布钠为代表。

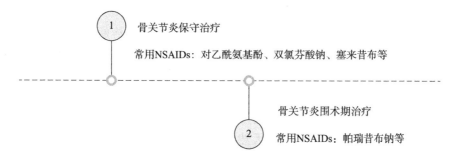

图 2-3　治疗骨关节炎的常用 NSAIDs 药物

　　美国骨科医师学会（AAOS）指南指出：① META 分析结果显示，全身或局部应用 NSAIDs 均可以缓解患者疼痛，改善关节功能；② 19 项 RCT 研究中的 202 个治疗终点指标里，有 171 个肯定了 NSAIDs 对骨关节炎的确切疗效；③ COX-2 抑制剂针对胃肠道反应有更好的耐受性，应作为优先选择。

　　在使用口服药物前，通常考虑先局部外用药物，尤其是老年人可使用各种 NSAIDs 的凝胶贴膏、乳胶剂、膏剂、贴剂等。对中、重度疼痛可联合使用局部外用药物与口服 NSAIDs。全身应用药物根据给药途径可分为口服药物、针剂及栓剂，最常用的是口服药物。

　　以上所提到的药物中，双氯芬酸钠（扶他林）是瑞士诺华公司的明星药物；西乐葆（塞来昔布胶囊）是美国辉瑞公司的明星药物，它是全球第一个选择性 COX-2 抑制剂。

（2）镇痛药物：对 NSAIDs 治疗无效或不耐受者，可使用阿片类镇痛剂、对乙酰氨基酚与阿片类药物的复方制剂。但是，阿片类药物的不良反应和成瘾性发生率相对较高，临床上一般建议谨慎采用。

（3）关节腔注射药物：关节腔内注射糖皮质激素可有效缓解疼痛，改善关节功能。但该方法是侵入性治疗，可能会增加感染的风险，必须严格无菌操作及规范操作。

糖皮质激素起效迅速，短期缓解疼痛效果显著，但反复多次应用激素会对关节软骨产生不良影响，临床上一般建议每年应用不超过 2～3 次，注射间隔时间不应短于 3～6 个月。

透明质酸钠可改善关节功能，缓解疼痛，安全性较高，可减少镇痛药物用量，对早、中期骨关节炎患者效果更明显。但其在软骨保护和延缓疾病进程中的作用尚存争议，临床上一般建议根据患者个体情况应用。

生长因子和富血小板血浆可改善局部炎症反应，并可参与关节内组织修复及再生，但目前对于其作用机制及长期疗效尚需进一步研究。临床上对有症状的骨关节炎患者选择性使用。

（4）改善病情药（DMARDS）：包括双醋瑞因、氨基葡萄糖等，但疗效尚存争议。国内外多项临床试验表明，每日 750～1 500mg 氨基葡萄糖（奥泰灵）连续使用 4～12 周，可缓解疼痛症状，改善关节活动能力，优于 NSAIDs 及安慰剂，耐受性好，副作用少。

氨基葡萄糖又俗称维骨力，它是人体内合成的物质，是形成软骨细胞的重要营养素，是健康关节软骨的天然组织成分。随着年龄的增长，人体内的氨基葡萄糖的缺乏越来越严重，关节软骨不断退化和磨损。美国、欧洲和日本的大量医学研究表明：氨基葡萄糖可以帮助修复和维护软骨，并能刺激软骨细胞的生长。现在市场上氨糖主要分为氨糖盐酸盐与氨糖硫酸盐两种，在中国的临床试验中，氨糖硫酸盐与氨糖盐酸盐治疗效果相似，但是就对身体副作用来说，氨糖盐酸盐对身体副作用较多，主要体现在胃部疼痛，好转反应多，效果相对不明显。在国际上，众多知名氨糖产品如爱尔兰罗德制药厂的维固力、美国登喜健（鲨鱼软骨素氨糖片）、倍健等品牌都选用性能优越的氨糖硫酸盐。

骨关节炎的一个重要成因是软骨的再生能力差。近年来，随着自体软骨细胞移植、干细胞组织工程技术的发展，关节软骨疾病也逐步进入细胞治疗时代。由于间充质干细胞具有再生修复实质组织器官和免疫调节的生物学特性，利用间充质干细胞进行骨折愈合、关节修复、软骨愈合及创伤后炎症反应，成为具有前景的关节软骨再生手段。自 1987 年世界上第一例自体软骨细胞移植（ACI）手术完成至今，经过 30 余年的发展，脂肪间充质干细胞开始被用于修复软骨退化和损失，并有趋势替代软骨和骨髓。

3. 神经退行性疾病

神经退行性疾病是机体神经元结构或功能逐渐丧失而引发的一类疾病，其可分为急性神经退行性疾病和慢性神经退行性疾病，前者主要包括脑缺血（CI）、脑损伤（BI）、癫痫；后者包括阿尔茨海默病（AD）、帕金森病（PD）、亨廷顿病（HD）、肌萎缩性侧索硬化（ALS）、不同类型脊髓小脑共济失调（SCA）、Pick 病等。目前这类疾病病因尚不明确并无有效治愈手段，且严重威胁着患者的生活质量。

AD 是最常见的神经退行性疾病，也是全球神经退行性疾病相关研发计划中最受关注的。1912 年，来自捷克的精神病学家奥斯卡·费舍尔（Oskar Fischer）在许多痴呆症患者脑中发现了斑块，并且对这些患者的病情给出了前所未有的详细描述。彼时，现代精神病学奠基人、慕尼黑精神病诊所的阿尔茨海默病领域领军人埃米尔·克雷佩林（Emil Kraepelin）宣布将这种病症命名为"阿尔茨海默病"。

AD 是老年期痴呆最常见的一种类型，患者思维、记忆和独立性会因此受损，影响生活质量，甚至可能导致死亡。老年是最大患病风险因素，随着全球平均寿命的增长，AD 持续成为主要的公共健康负担，也是现代医学最大的未解之谜之一。FDA 认为"这是一种毁灭性疾病"。国际阿尔茨海默病协会（ADI）发布的《世界阿尔茨海默病 2018 年报告》显示，目前全世界至少有痴呆患者 5 000 万人，到 2050 年预计将达到 1.52 亿人，其中约 60%～70% 为阿尔茨海默病患者。长久以来，AD 都是最重要的公共卫生议题之一，在如今全球人口老龄化趋势下，神经退行性疾病的诊疗方面的突破迫在眉睫。

尽管人类对于攻克 AD 已经过漫长的努力与期待，研究历程中也有许多重要的发现，但很可惜其发病机制至今并未完全清晰。该病可能是一组异质性疾病，在多种因素（包括生物和社会心理因素）的作用下才发病，从各国多个研究机构的不同研究来看，该病的可能因素和假说多达 30 余种，如家族史、女性、头部外伤、低教育水平、甲状腺病、母育龄过高或过低、病毒感染等。通过对近 10 年阿尔茨海默病研究论文进行文本聚类发现，与早期诊断和靶向治疗密切相关的生物标志物是该领域的研究热点。痴呆症状的出现意味着 AD 患者已进入晚期。如何在临床前期进行早期预警，并及时展开治疗，是控制 AD 发生、发展的重要途径。而 AD 早期生物标志物的寻找和临床应用是诊断 AD、发现"临床前期"AD患者以及进行疗效评估的重要手段。因此，以适宜路径和技术筛查用于AD早期诊断和靶向治疗的生物标志物具有十分重要的意义，引发了全球科研人员的广泛关注。2011年，美国一家老龄化研究所（National Institute on Aging）和美国阿尔茨海默病协会（Alzheimer's Association）牵头的国际工作组发布了新版AD诊断标准，将生物标志物引入了AD的诊断，并对如何使用生物标志物增加AD临床诊断的可靠性进行了说明。

目前，比较公认的机制是Aβ级联假说，1984年，来自加州大学圣地亚哥分校的乔治·格伦纳（George Glenner）和黄坚（Caine Wong）研究发现，Aβ可能是导致AD的根本原因。在20世纪90年代早期，AD主流研究基于Aβ级联假说理论，即认为β-淀粉样蛋白（amyloid-β，Aβ）的生成和清除失衡是神经元变性和痴呆发生的始动因素，异常水平的β-淀粉样蛋白在大脑神经元之间形成的斑块具有神经毒性，导致神经元变性。

但也有研究人员于对于该理论并不信服，致力于寻找Aβ级联假说的替代性理论，认为Aβ在被分泌之前就在神经元内积累并杀死了神经元。2022年，纽约大学格罗斯曼医学院和内森克莱恩研究所的一项新研究颠覆了Aβ级联假说，研究认为自溶体酸化诱导神经元中自噬是最根本的原因，发病机理如图2-4所示，即阿尔茨海默病的核心不是β-淀粉样蛋白，是自噬溶酶体。

还有一些研究者认为问题出在tau蛋白的缠结（tau tangle）上——这种神经元内的、异常的蛋白质束同样也是AD的特征，它与认知方面症状的关系甚至比Aβ更紧密。另外一些人认为可能是过度或不当的免疫活动引起了脆弱的神经组织的发炎和受损。还有一些人开始怀疑是胆固醇代谢过程或给神经元供能的线粒体出现了异常。

无论关于AD病因的假设多么合理，开发出有效治疗AD的药物才是最终目的，2002—2012年，48%的在开发的AD药物以及65.6%的临床试验集中在Aβ（胞外的Aβ斑块是所有其他病理的诱因）上。而只有9%的药物以tau缠结（人们认为除了Aβ以外唯一可能的其他致病原因）为目标。其他的一些候选药物则旨在起到缓冲作用，在病程开始后减少神经元受到的损害。

在全球的研究以Aβ假说为中心发展了30年后，仅有一种获得FDA批准的、试图从神经生物学原理上减缓病程的药物aducanumab。aducanumab是由百健公司于2016年研发出的药物，研究者在《自然》期刊的论文中阐述了该药物的早期试验结果，表明它对于消除Aβ斑块以及减缓AD患者的认知衰退有良好的前景。但在2019年，百健公司终止了aducanumab的临床三期

当自噬作用出错时

根据某种理论，阿尔茨海默病的发病是由于神经元分解废物的能力出现了故障。

在神经元内部

1.溶酶体的酸性不足，继而导致自噬作用不足以分解废物。

2.自溶酶体持续积累废物，并且这样的自溶酶体越来越多。

3."大腹便便"的自溶酶体挤出细胞膜外。在细胞核附近，它们形成了Aβ原纤维构成的致密团簇。

4.自溶酶体被裂，释放出的毒性物质杀死了神经元。

在细胞外部

5.细胞膜涨破，使得毒性物质溢出到神经元间隙。

6.脑中的免疫细胞小胶质细胞聚集过来清理残留物。

7.溢出的毒性物质、废物物质以及小胶质细胞损害周围的神经元，加速了神经系统的功能故障。

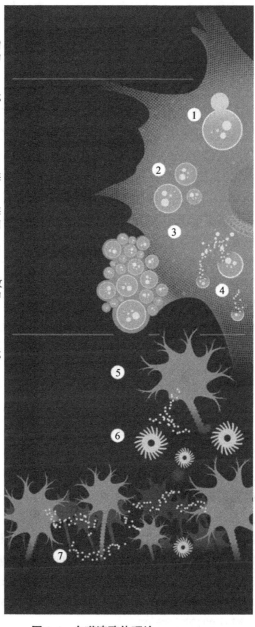

死去的神经元残骸堆积起来形成Aβ斑块。

图 2-4　自噬溶酶体理论

试验，表示这种药物并没有效果。次年，在重新分析数据后，百健公司表示 aducanumab 至少勉强在一部分患者中通过了一次试验，公司向 FDA 申请批准该药物的使用。尽管科学顾问认为 aducanumab 的风险远大于其效用，FDA 还是在 2021 年批准了 aducanumab 的使用。尽管获得 FDA 批准，但 aducanumab 未被同意纳入美国国家老年人医疗保险。

其他关于药物试验和 Aβ 假说的实验验证的结果并不理想。1999 年，义隆（Elan）制药公司研发出了一种用以训练免疫系统攻击 Aβ 蛋白的疫苗。然而在 2002 年，该公司终止了实验，因为一些接种了疫苗的实验对象出现了危险的脑炎症状。在接下来的几年内，几家公司测试了用以对抗 Aβ 的合成抗体的效果，发现它们对 AD 患者的认知功能毫无改善。其他的还有一些针对催化酶（帮助 App 蛋白分解为 Aβ）的药物试验，以及一些尝试清除患者脑中既存斑块的试验，均宣告失败。截至 2017 年，已有 146 种治疗 AD 的候选药物被宣告无效。只有 4 种药物获得了许可，但这些药物都是用于治疗疾病引发的症状而非针对潜在的病理。在 2018 年，辉瑞（Pfizer）公司宣布退出 AD 的研究。一篇 2021 年的综述比较了 14 项主要的试验结果，证实了减少胞外的 Aβ 并不能在很大程度上改善认知功能。

直到 2022 年 9 月，制药巨头百健（Biogen）和卫材（Eisai）宣布在Ⅲ期临床试验中，服用了抗 Aβ 药物 Lecanemab 的患者的认知衰退程度较安慰剂组患者的认知衰退程度降低了 27%。在 2023 年 3 月召开的一次新闻发布会上，卫材表示得益于新型血液检测技术的广泛应用，2025 年 Lecanemab 的全球销量将会有超越式增长。该公司估计 2030 年约 250 万例患者将有资格接受 Lecanemab 治疗，预计 2030 年全球销售额将达 70 亿美元。然而，包括自华盛顿大学的医学教授埃里克·拉尔森（Eric Larson）的一些人则并不看好这次试验能取得有意义的进步，认为统计显著说明试验结果不太可能是偶然，但并不能和临床上的显著效果等同。

从全球层面来看，抗 A 单抗的应用仍处于起步阶段，但随着医保覆盖范围增大和诊断技术的发展，AD 治疗药物将迎来发展机遇，同时也将进一步推动 AD 诊断的快速发展。与此同时，虽然目前血液检测标准尚无阈值的统一规定，但是随着治疗药物的应用增加、指南的进一步修订和相关试剂产品的开发，血液标志物终将如同脑脊液标志物一样应用于 AD 的早期诊断，共同推进全球阿尔茨海默病的诊断和治疗。

一部分研究者主张将核内体－溶酶体假说、神经炎症假说和 Aβ 级联假说整合成一个更大的理论，即不再将 AD 当作一种单独孤立的疾病，而认为它是各式各样的过程一起出错的结果，针对这一连串事件采用单一一种蛋白质来进行治疗，例如淀粉样蛋白，可能不会带来很大改善，但是复合药物可能足够击溃 AD。

神经退行性疾病领域国际研发态势分析：1993 年，美国 FDA 批准首个阿尔茨海默病药物他克林上市，掀起了神经退行性疾病药物研发热潮，上市新药日渐增多，特别是针对乙酰胆碱酯酶的药物，目前已有多个产品上市。2016 年，全球销售额居前 5 位的神经退行性疾病药物包括盐酸美金刚、盐酸多奈哌齐、雷沙吉兰、利斯的明以及罗替高汀，这几种药均为化学小分子药物。其中盐酸美金刚 2016 年销售额高达 11.1 亿美元，是唯一针对 N-甲基-D-天冬氨酸（NMDA）的药物，也是全球最畅销的神经退行性疾病药物。

除化学药外，生物药也是当前神经退行性疾病药物研发的重要方向。美国百健公司（Biogen）在该领域的生物药研发方面走在全球前列。2014 年，其中枢神经系统药物销售额为 80.07 亿美元，居全球第 2 位。多发性硬化症药物是该公司的核心产品，包括 Avonex、Tysabri、Tecfidera 等。近年来，百健凭借其在免疫和神经领域的双重优势，逐步开展神经退行性疾病抗体药物的开发。目前百健针对神经退行性疾病的在研药物共 6 个，其中阿尔茨海默病药物 3 个、帕金森病药物 1 个、运动神经元疾病药物 2 个。

目前，阿尔茨海默病相关药物已有显著疗效数据发布，在有效性和安全性上仍有提升空间，在研新药大有可为。过去 AD 药物研发始终困难重重，近年来随着机制的不断探索，药物临床试验的推进，AD 相关药物相继有显著疗效的数据披露。目前已有 2 款抗 A 抗体获得 FDA 批准，其中 Lecanemab 更为实至名归，也已于近期获得 FDA 的完全批准，未来随着美国医疗保险和医疗补助服务中心（CMS）的医保覆盖也将实现进一步的销售放量。与此同时，礼来公司的 Donanemab 也显示出可比的治疗效果，均可延长患者的疾病进展约 7.5 个月。与 Lecanemab 不同的是，Donanemab 显示出了对亚组更优的治疗效果，包括疾病早期或 75 岁以下 Tau 蛋白中低表达的人群。不过上述抗 A 单抗的副作用仍然不可忽视，淀粉样蛋白相关的成像异常（ARIA，包括脑水肿和脑出血）始终尚未解决，因此在使用 Lecanemab 类单抗药物时，医生需要对患者进行充分的告知和有效的安全管理，以避免高危患者出现严重的不良反应。此外，还有几款产品展现出不俗的临床表现，包括口服小分子 ALZ-801、注射用单抗 TB006、抗 A 寡聚体（AOs）单抗 ACU193 和口服小分子 Sigma-1 受体激活剂 ANAVEX2-73，另外司美格鲁肽也可能有治疗 AD 患者的潜力。

4. 心血管退行性疾病

在过去的 20 年里，不少心血管疾病药物都取得了很大进展。例如，他汀类成为降胆固醇并防止动脉粥样硬化的标准疗法，成就了"重磅炸弹"药物——辉瑞的 lipitor、默克的 Zocor 和阿斯利康的 Crestor。随着专利到期，大量仿制药进入市场，使更多的患者得到了更好的治疗，在此之上开发新的药物来证明额外的收益非常困难。

虽然心血管病患病率和死亡率已高于肿瘤及其他疾病，但行业对心血管疾病的发病风险关注不够，药物研发也相对不足。以近年来美国 FDA 批准的新药为例，根据 2021 年 Journal of Medicinal Chemistry（JMC）发表的研究数据，2010—2019 年 FDA 批准的新药中，心血管疾病治疗产品仅占 6%，远低于肿瘤、感染和中枢神经系统疾病。背后的原因多且复杂。受疾病本身特点要求，心血管疾病药物临床试验设计难度高，创新疗法开发既要比现有疗法好，还要考虑更多额外的安全性。即便是当前被寄予厚望的细胞和基因疗法，尚存在局限性——只能递送到肝脏，没办法递送到心脏，还难言成功。此外，心血管疾病研究也缺少好的动物模型。

2023 年 4 月，行业媒体 Endpoints 发布了一篇行业报告，其中引用了来自生物医药数据库 DealForma 的一项统计结果——在过去 5 年内，心血管疗法相关许可交易的总额超过了 160 亿美元，而此前的 10 年（2008—2017 年）里，这一领域的总交易额也不过 118 亿美元。也就是说，心血管疾病的药物研发已经重返主赛道。对于生物医药公司来说，尽管心血管疗法的空间相对饱和，但近几年在该领域的新技术和新靶点的进展使其有了更多的可能，因此生物医药公司对于心血管疾病的投入也在增加。目前，在该领域已进行布局并取得了初步成果的全球性生物医药公司包括默沙东、百时美施贵宝、诺和诺德、诺华、安进等。

从市场规模来看，近年，自全球心血管类药物年销售额超过抗感染类药物后，始终呈现持续平稳增长的态势。目前全球心血管类药物市场规模超过 1 000 亿美元，占据全球医药市场的 16% ～ 17%。2020 全球七大药品市场 500 强畅销药物中，虽然生物技术药物增长突飞猛进，但化学药仍是主流，在数量上占据 80%，500 强畅销化学药中有近 60 个品种为心血管药，仅次于抗感染药，居第二位。

5. 眼退行性疾病

在过去的十几年里，我们见证了医疗领域在恢复视网膜退行性疾病患者视觉方面所取得的一系列重大技术和方法上的突破，如基因替代疗法用于莱伯先天性黑内障（LCA）患者的治疗，以及视网膜假体 Argus Ⅱ 和 Alpha-IMS 在视网膜色素变性患者身上的应用。除此之外，药物和神经保护因子治疗、干细胞疗法等也在实验动物研究和临床研究中崭露头角。越来越多新的治疗方法的出现有望为视网膜退行性疾病患者带来福音。

　　药物治疗作为一种保守的辅助性治疗方法，可以在一定程度上延缓疾病的进展和改善视力，但其治疗效果仍然十分有限。鉴于大多数造成视网膜退行性疾病的基因突变会导致视色素循环异常，因此通过口服药物来代偿内源性视色素的功能成了临床药物研发的热点。Zuretinol（9-顺式-视黄醇乙酸酯）被证实能促使视野和视锐度显著性恢复。Zuretinol 和内源性视蛋白形成的异视紫红质可介导视网膜的光响应，该药物已成为 FDA 和欧洲药品管理局（EMA）的指定药品，并且同时获得了 FDA 的快速通道认定，与之相关的临床研究仍在进行中。基于同样的原理，另外一款药物 Dunaliella（富含 9-顺式-β-胡萝卜素）也在 29 个视网膜色素变性患者身上完成了 I 期临床研究，患者口服 Dunaliella 胶囊 90 天后视锥和视杆细胞的功能均获得了不同程度的恢复。该药基本没有副作用，因此已经获得了 FDA 的临床批准。目前已有三种广泛使用的玻璃体内抗 VEGF 药物被证明能有效预防湿性年龄相关的黄斑变性，分别是兰尼单抗、贝伐单抗和阿柏西普，主要是通过抑制 VEGF 的功能来抑制血管增生。糖尿病视网膜病变的病理特征与湿性年龄相关的黄斑变性极为相似，因此上述抗 VEGF 药物也在临床上被推荐用于糖尿病视网膜病变患者。

　　白内障从早期进展至成熟是一个较漫长的过程，它有可能自然停止在某一发展阶段而不至于严重影响视力。目前国内外都处于探索研究阶段，一些早期白内障，临床用药以后病情会减慢发展，视力也稍有提高，早期白内障可口服维生素 C、维生素 B2、维生素 E 等，也可用一些药物延缓病情发展。老年性白内障的发病机制是多种因素综合的结果，现在没有疗效特别肯定的药，所以治疗以手术为主。常用的药物可以使用以下几种：第一种是谷胱甘肽滴眼剂，用于初期老年性白内障，也用于浅层点状角膜炎、角膜溃疡、角膜外伤等，有维持晶状体透明度，防止白内障发展的作用。第二种是吡诺克辛钠，用于白内障滴眼，可竞争性抑制醌类物质对晶状体的可溶性蛋白质氧化、变性、混浊化的作用，可以防止蛋白质的发展。第三种是四氮戊省磺酸钠，用于白内障，可以防止晶状体氧化变性维持它的透明性。第四种是视明露，用于老年性的白内障，外伤性白内障和糖尿病性白内障，有促进眼内血液和淋巴循环维持组织正常代谢的作用。通常一些中期白内障患者，用药后视力和晶状体混浊程度也可得到一定改善。但对成熟期的白内障，药物治疗则无实际意义。

2.1.2.2 中国

中国是人口大国，也是正在进入人口老龄化的大国，是各类退行性疾病的高发区域，对于退行性相关药物有着强烈需求，是全球相关药企争相布局的市场。近年来，国外药企纷纷进驻中国市场，而国内也涌现出若干药企投入该领域，从事仿制药的生产或者进行创新药的研制。

1.骨质疏松

目前，正大天晴药业集团股份有限公司（以下简称正大天晴）4类仿制药艾地骨化醇软胶囊上市申请（表2-2）已获得受理。艾地骨化醇是新一代活性维生素D类似物，用于治疗绝经后女性骨质疏松症。相比于传统维生素D类似物，艾地骨化醇具有创新突破的双重作用机制，作用更持久，安全性更高，用药依从性更高（每日一次）。

表 2-2　正大天晴 4 类仿制药艾地骨化醇软胶囊上市申请

序号	受理号	药品名称	药品类型	申请类型	注册分类	企业名称	承办日期
1	CYHS2302160	艾地骨化醇软胶囊	化学药	仿制	4	正大天晴	2023-08-17
2	CYHS2302158	艾地骨化醇软胶囊	化学药	仿制	4	正大天晴	2023-08-17

在这之前，国内已有日本中外制药的原研制剂艾地罗上市，同时国家药监局官网显示，今年2月河南泰丰生物（首仿）、四川国为制药和温州海鹤药业的仿制药也相继获批。另外除了正大天晴，人福医药的子公司人福普克药业、四川科伦药业、四川国为制药等不少于4家企业在审评审批中。可以看出，艾地骨化醇软胶囊竞争日趋激烈，但也说明该领域的市场潜力大，各药企积极涌入。

具体药物方面，地舒单抗注射液最初是由安进研发的，2010年相继获得欧盟和美国批准上市，2019年5月在我国获批用于治疗不可手术切除或者手术切除可能导致严重功能障碍的骨巨细胞瘤，商品名安加维，次年百济神州与安进达成全球肿瘤战略合作。2020年6月获批骨质疏松适应证，商品名为普罗力。

根据安进年报数据，普罗力2022年总销售额达56.4亿美元，其专利已于2022年到期。2022年11月，绿叶制药子公司博安生物首仿博优倍获批上市。

2023 年 3 月，迈威生物子公司泰康生物迈利舒也已获批。地舒单抗国内市场将展开三方竞逐的局面。另外齐鲁制药、康宁杰瑞等也在积极布局。沙利文预计，2030 年地舒单抗在中国骨质疏松的市场规模将达 78 亿元。

罗莫佐单抗已经在其他国家或地区上市使用，国内最高阶段已进入临床Ⅲ期，被我国预先纳入了《原发性骨质疏松症诊疗指南（2022）》。另外礼来的 Blosozumab、恒瑞医药的 SHR-1222 等也已进入临床阶段。

补钙方面，中国补钙产品中最具知名度的是钙尔奇，其是较早进入国内的专业钙补充剂品牌，隶属于葛兰素史克（中国）投资有限公司；补钙产品排名第二的是汤臣倍健，该公司成立于 1995 年，是中国膳食营养补充剂知名品牌。迪巧、哈药、盖中盖等国内企业在补钙领域也有亮眼的表现。

从市场表现来看，根据中康 CHIS 等级医院及零售终端渠道数据，历年来抗骨质疏松药物市场规模持续增长，2021 年同比增长 20.7%，销售额达到 99.07 亿元。等级医院端是主要市场，占 85% 以上的市场份额。2022 年销售额下降了 9.7%，可能与唑来膦酸注射液、伊班膦酸钠纳入第七批国家药品集采大幅降价有关。在老龄化趋势加剧、慢性病防控形势严峻的背景下，骨质疏松会越来越引起人们的重视，潜在市场庞大。图 2-5 是我国抗骨质疏松药物市场规模趋势。

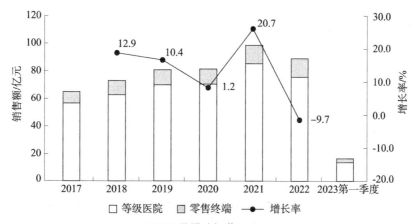

图 2-5　我国抗骨质疏松药物市场规模趋势

来源：中康 CHIS，中康产业研究院整理。

中康 CHIS 等级医院及零售终端渠道数据显示，双膦酸盐类、降钙素类、活性维生素 D 及类似物市场表现优越。骨化三醇 2022 年与 2023 第一季度分别实现 25.09 亿元、4.4 亿元销售额，摘得桂冠。唑来膦酸和伊班膦酸 2021 年销售额均超 10 亿元，2022 年因集采大幅降价，销售额有所下降。地舒单抗自

2020 年获批骨质疏松适应证以来，销售额一路狂飙，2022 年实现了 3.7 亿元，同比增长 198.9%，2023 第一季度达到 1.4 亿元，增长非常强劲。

艾地骨化醇由于进入市场时间较晚，且目前适应证仅限于绝经后女性骨质疏松，市场表现受限，但其已被纳入 2022 年国家医保目录，后续市场有望进一步放量，且随着越来越多的国产仿制药相继上市，有可能被纳入集采，以价换量。表 2-3 列出了 2017—2023 年第一季度我国国内市场主要抗骨质疏松药物的销售额情况。

表 2-3　我国国内市场主要抗骨质疏松药物的销售额情况

通用名	药厂/家	等级医院＋零售终端销售额/百万元						
		2017	2018	2019	2020	2021	2022	2023 第一季度
阿仑膦酸钠	12	287.00	282.00	277.00	264.00	330.00	362.00	93.00
唑来膦酸	5	721.00	903.00	1 136.00	1 110.00	1 222.00	963.00	116.75
利塞膦酸	5	68.27	78.49	85.56	84.12	89.00	79.38	20.04
伊班膦酸	5	481.27	583.11	756.89	1 078.09	1 497.81	1 166.73	61.33
鲑降膦酸	7	465.00	554.00	570.00	477.00	626.00	623.12	144.21
依降钙素	2	150.94	151.35	149.95	132.48	164.30	131.46	39.48
雷洛昔芬	2	16.43	17.39	16.49	12.62	9.48	6.01	0.74
地舒单抗	3	—	—	—	2.80	123.47	369.00	141.75
特立帕肽	2	28.41	39.18	45.61	38.00	39.00	26.00	10.43
骨化三醇	5	1 992.00	2 259.00	2 371.00	2 444.00	2 706.00	2 509.00	440.00
阿法骨化醇	12	703.00	751.00	807.00	782.00	854.00	657.00	154.00
艾地骨化醇	3	—	—	—	—	—	0.09	0.26
四烯甲萘醌	1	12.25	16.32	28.67	35.37	59.66	83.12	16.88
阿仑磷酸钠维 D3	3	212.00	249.00	260.00	274.00	291.00	171.00	17.50

来源：中康 CHIS，中康产业研究院整理。

2. 骨关节退行性疾病

我国非甾体类药物行业重点企业主要有普利制药和九洲药业。2020 年，普利制药的非甾体类药物营业收入为 1.15 亿元，九洲药业为 2 亿元。2021 年，普利制药的非甾体类药物营业收入为 1.19 亿元，九洲药业为 2.12 亿元。

2022 年，普利制药的非甾体类药物营业收入为 1.29 亿元，九洲药业为 2.88 亿元。

在 NSAIDs 中，塞来昔布胶囊常被用于缓解骨关节炎、类风湿关节炎等疾病，与传统的 NSAIDs 相比较，塞来昔布类药对肠胃影响更小，因此其在全球以及我国市场的需求量持续攀升，在 2020 年塞来昔布中国市场规模约为 13 亿元。在塞来昔布药物的生产方面，我国已有多家企业布局，目前天药股份、百洋制药、齐鲁制药、正大天晴等几家企业均拿到塞来昔布胶囊国内生产批文，部分企业实现药物上市。

3. 神经退行性疾病

根据一项 2015—2018 年的全国横断面研究，中国有 1 507 万例 60 岁以上的痴呆患者，其中 AD 患者 983 万人。此外，60 岁以上人群中轻度认知障碍（MCI）的患病率为 15.5%，患病人数达到 3 877 万例。一项全国性的研究显示，2015 年中国 AD 患者年度治疗费用为 1 677.4 亿美元，预计到 2050 年将增加至 1.8 万亿美元。然而国内 AD 患者的诊断和治疗率仍然很低，医学专家少，公众意识较低。因此，在政府的领导下，加强 AD 患者的预防和治疗迫在眉睫。

中国痴呆患者中女性患病率是男性的 1.8 倍。《中国阿尔茨海默病报告 2022》显示，中国男性患病率为 669.3 例每 10 万人，而女性为 1 188.9 例每 10 万人，这与女性的激素水平变化和基因差异相关。高龄后，性别（女性）是迟发性 AD 的主要危险因素。虽然 AD 患者并非女性所独有，但女性约占 AD 患者的三分之二，绝经后妇女占比超 60%。有研究通过对 40～65 岁男性和女性患者进行对比后发现，女性组表现出更高的 PiB 淀粉样蛋白沉积，更低的 FDG 葡萄糖代谢和更低的 MRI 灰质和白质体积（$p < 0.05$），结果与年龄无关，并且在使用年龄匹配组时仍然显著。绝经状态是与观察到的大脑生物标志物差异最一致和最密切相关的预测因子，其次是激素治疗、切除术状态和甲状腺疾病。早在 2021 年，首都医科大学宣武医院卢洁教授团队研究发现，女性携带一个特定载脂蛋白（APOE4）等位基因即可导致脑内特定蛋白（Tau 蛋白）聚集增加，从而更容易患 AD；而男性携带两个特定等位基因时脑内特定蛋白聚集才会明显增加。

中国的痴呆患者中农村患病率显著高于城市。我国痴呆及轻度认知障碍的患病率均表现为农村地区相对较高，这可能与农村的受教育程度相对低、医疗水平相对落后和并发症率高有关。

如此巨大的市场也吸引国内药企尝试 AD 的新药研发，如绿谷制药、东阳光药、海正药业、通化金马等，仿制药企业则更多。

我国已上市的神经退行性疾病药物有中国科学院上海药物研究所研发

的阿尔茨海默病药物石杉碱甲和哈尔滨三联药业有限公司研发的脑蛋白水解物。

根据火石创造数据库，截至 2020 年 2 月 27 日，全国共有 AD 药物相关临床试验 77 项。其中，从试验进度上看，通化金马的乙酰胆碱酯酶抑制剂琥珀八氢氨吖啶片在国产新药中的研发进度较为领先，2017 年率先进入 III 期临床试验。2020 年 7 月，通化金马终止以 2 872.194 万元收购原间接控股股东晋商联盟持有的北大世佳科技 60% 股权的关联交易，目的是集中资金研发琥珀八氢氨吖啶片。2019 年 8 月，通化金马回复投资者称，正在继续推进化学药 1.1 类新药琥珀八氢氨吖啶片 III 期临床试验，截至 2020 年 6 月末，已入组病例 460 余例，争取 2020 年年底完成全部病例入组。

2019 年 11 月，我国自主研发的创新药甘露寡糖二酸（商品名：九期一）上市注册申请获有条件批准，该药用于轻度至中度阿尔茨海默病，改善患者认知功能。据此前发布的 III 期临床试验结果显示，该药通过调节肠道菌群失衡、重塑机体免疫稳态，进而降低脑内神经炎症，阻止阿尔茨海默病病程进展。今年 4 月，FDA 批准"九期一"在美国开展国际多中心 III 期临床试验的申请。根据绿谷制药发布的最新临床试验方案，该研究计划将在北美、欧盟、东欧、亚太等地区的 200 个临床中心开展，超过 2 000 名轻中度 AD 患者将加入为期 12 个月的双盲实验和随后 6 个月的开放试验，预计 2024 年完成，2025 年提交新药申请。

国内在研产品中以 A 或 Tau 为靶点的研发公司包括恒瑞医药、先声药业、润佳医药等。其中恒瑞医药在研 I 期阶段产品为抗 A 单抗 SHR-1707，润佳医药的 RP902 则是化学药。根据恒瑞医药在 2023AAIC 会议的披露信息，在年轻健康和老年受试者中，2 ～ 60mg/kg 单次静脉给予 SHR-1707 安全性、耐受性良好。PK、PD 数据支持进一步临床研发。SHR-1707 多次给药在 AD 患者源性轻度认知功能障碍和轻度 AD 患者中的安全性、耐受性及药效学研究——随机、双盲、安慰剂对照的 Ib 期临床研究（NCT05681819）也在推进中。先声药业与 Vivoryon Therapeutics 达成合作，获得在大中华区开发和商业化 2 款 AD 治疗药物的权益：Varoglutamstat 和 PBD-C06。Varoglutamstat 是一种谷氨酰肽环转移酶（QPCT）的口服小分子抑制剂。2021 年 12 月 FDA 已授予该小分子口服候选药物"快速通道"资格认定。PBD-C06 是一种处于临床前开发阶段的人源化、去免疫性 IgG1 抗体药物，其结构经专门设计，可结合和去除大脑中的 N3pE 淀粉样蛋白。该抗体经优化后具有低免疫原性和低 ARIA 诱导效力，因而降低了抗体药物在治疗 AD 时最主要的严重副作用。根据协议条款，Vivoryon 将收取前期款项，且将在取得若干开发成果及销售里程碑后获得该公司的付款，所有款项合计超过 5.65 亿美元。同时将有权收取两位数的销售提成。

此外，国内中药创新药也在进攻 AD。五加益智颗粒是康弘药业子公司济生堂自主研发的 6.1 类中药创新药物（中药、天然药物制成的现代中药复方制剂）。据该公司介绍，该产品用于脾肾两虚所致痴呆，症见表情呆滞、沉默寡言、记忆减退等，轻、中度 AD 患者见上述证候者。五加益智颗粒 2018 年 10 月获批临床试验，目前正处于Ⅱb 期临床试验，按计划可在 2023 年第三季度获得临床数据。值得注意的是，五加益智颗粒的Ⅱ期临床设计采用的是"头对头"盐酸多奈哌齐片。其他的产品还有天士力的养血清脑，维吾尔药业的棉花花总黄酮。

从市场情况来看，2019 年国内公立医院抗痴呆药物市场规模为 86.58 亿元，市场规模呈逐年下降趋势。占比最高（82%）的促智类药物近年被纳入辅助用药重点监控名单，因此整体抗痴呆药市场规模出现下滑。国内公立医院剔除促智类和甘露特钠的抗痴呆药市场因为需求增加，2019 年为 15.39 亿元，2014—2019 年 CAGR 为 16%。市场规模持续升高也显示出我国抗痴呆药需求的增长。

国内公立医院销售的主流抗痴呆药物中，多奈哌齐销售最佳，其次为盐酸美金刚，二者贡献了超 85% 的销售金额，市场优势明显。多奈哌齐在 2015—2019 年的平均复合销售增速为 12.28%，盐酸美金刚为 14.55%。不过由于多奈哌齐和盐酸美金刚是第二、第三批国家药品集采品种，随着中选价格大幅下降，2021 年上半年重点省市公立医院终端盐酸美金刚销售额下滑 62.22%，多奈哌齐销售终端下滑了 57.30%。

4. 心血管退行性疾病

2021 年中国市县级公立医院心血管系统药物销售额达 780.72 亿元，同比增长 8.65%，占化学药总销售额的比例为 8.27%，在各类化学药细分治疗领域中排名第六位。

如图 2-6 所示，在 2021 年全国市县公立医院心血管系统药物中，高血压用药销售额为 374.30 亿元，占 47.94%，占比非常高；心脏病治疗用药销售额为 212.85 亿元，占 27.26%；血脂调节剂销售额为 103.31 亿元，占 13.23%；脑血管治疗用药销售额为 90.26 亿元，占 11.56%。

值得 提的是，涉及心血管疾病的药物中，有相当 部分是中成药。2022 年中国中成药院内销售市场达 1 351 亿元，其中心脑血管与血液系统中成药（下文简称"心脑血管中成药"）以 416 亿元的销售额、超三成的市场份额高居品类第一，是中成药院内销售市场中的超热门品类。图 2-7 示出 2014—2022 年心脑血管与血液系统药物全国医院销售额年度趋势，可以看出每年四个季度的销售额比较均匀，2016—2020 年总体呈下降趋势，直到 2021 年有所提升。

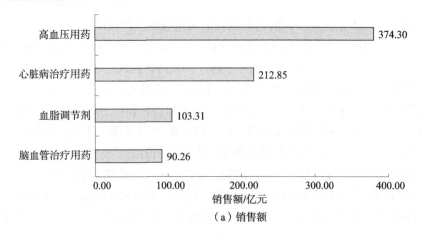

（a）销售额

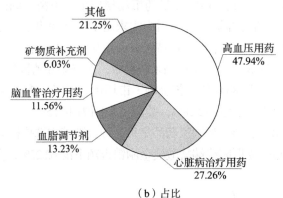

（b）占比

图 2-6　2021 年全国市县公立医院心血管系统药物销售额及其占比

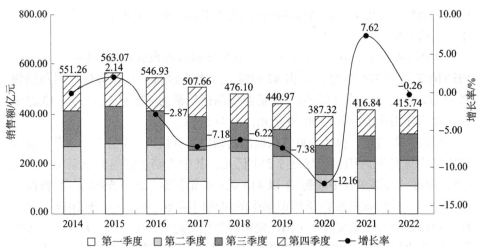

图 2-7　2014—2022 年心脑血管与血液系统药物全国医院销售额年度趋势
来源：药融云全国医院销售数据库。

根据药融云 2022 年最新院内销售数据，心脑血管中成药年销售过亿元的品种就超 50 款，其中 10 亿元以上的有 7 款。如表 2-4 所示，在销售额前 20 名品种中，过半品种销售额均为负增长，降幅最高达 30.2%。与之相对的，香丹注射液、冠心宁注射液等品种增长较快，前者增长更是高达 380.6%。

表 2-4　心脑血管中成药销售额前 20 名品种

排名	药品名称	销售额 / 亿元	同比增长 /%	市场份额 /%
1	注射用血栓通	17.7	−24.2	4.3
2	注射用血塞通	12.1	−1.3	2.9
3	醒脑静注射液	11.8	−11.0	2.8
4	脑心通胶囊	11.7	−1.8	2.8
5	复方丹参滴丸	11.5	3.2	2.8
6	舒血宁注射液	11.5	−0.3	2.8
7	注射用丹参多酚酸盐	10.2	−30.2	2.5
8	麝香保心丸	9.6	3.4	2.3
9	通心络胶囊	8.9	5.0	2.2
10	参松养心胶囊	8.8	5.0	2.1
11	香丹注射液	8.6	380.6	2.1
12	丹红注射液	8.4	15.3	2.0
13	银杏二萜内酯葡胺注射液	8.3	2.3	2.0
14	参麦注射液	8.2	−17.0	2.0
15	疏血通注射液	7.9	−10.3	1.9
16	冠心宁注射液	7.7	61.3	1.8
17	稳心颗粒	6.7	−0.4	1.6
18	芪苈强心胶囊	6.5	3.8	1.6
19	银杏内酯注射液	6.4	−5.1	1.5
20	血塞通软胶囊	5.6	−13.6	1.3

数据来源：药融云全国医院销售数据库。

值得一提的是，心脑血管中成药畅销药中绝大多数为独家品种，在销售额前 20 名品种中有 13 款为独家，仅销售额前 10 名品种中就有注射用血栓通（广西梧州制药）、脑心通胶囊（陕西步长制药）、复方丹参滴丸（天士力医药）、注射用丹参多酚酸盐（上海绿谷制药）、麝香保心丸（上海和黄药业）、通心络胶囊（以岭药业）和参松养心胶囊（以岭药业）7 款为对应药企的独家品种。

图 2-8 示出 2022 年心脑血管中成药销售额居前十位的药企，可以看出广西梧州制药、以岭药业、天士力医药等企业市场优势较大。这与各厂家的优势品种不无关系，如广西梧州制药的独家大品种注射用血栓通，以岭药业的通心络胶囊、参松养心胶囊和芪苈强心胶囊等心脑血管中成药三大产品。

2019—2022 年，暂无心脑血管中成药新药获批上市。根据药融云查询的数据，目前仅有深圳市沙松实业、河南天方药业的脑伤乐生颗粒以新药 1.1 类报产在审评审批中，该产品用于治疗颅脑外伤及颅脑术后所致的气血虚弱、脑脉受损、瘀滞经络型瘫痪等症。

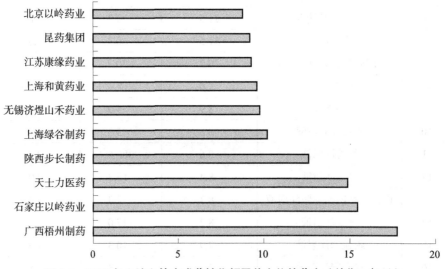

图 2-8 2022 年心脑血管中成药销售额居前十位的药企（单位：亿元）

此外，还有芪参益气滴丸、心阳片、大株红景天胶囊、注射用丹酚酸 A、补肾和脉颗粒、三七总皂苷缓释胶囊等 1 类或 2 类新药递交了临床申请，部分已获批临床（默示许可）。

5. 眼退行性疾病

近年来，国内眼科用药研发进展频频。在我国眼科市场中，医疗服务和眼科用药的市场规模占比分别为 73% 和 11%。可见当下眼科用药的市场并不大。现阶段，由于很多眼病的发病机制尚未明确，且眼睛结构的病变具有不可逆性，药物治疗方法的整体痛点在于无法根治疾病，需要依靠长期使用药物来延缓疾病进程、控制病情恶化和降低严重并发症发生。因此，开发新的作用靶点、基因治疗等新疗法，以及长效治疗药物成为眼科用药的突破口。具体到细分疾病领域，近视防控、眼干燥症、眼底血管疾病等成为研发热门领域。

目前，兴齐眼药、兆科眼科、齐鲁制药、恒瑞医药、参天制药、欧康维视等公司有产品处于临床Ⅲ期阶段。其中，兆科眼科的 NVK002 自 Vyluma 引进。日前，Vyluma 已完成Ⅲ期 CHAMP 研究，并向 FDA 递交新药上市申请。兴齐眼药的兹润于 2020 年获批，成为国内首个获批用于治疗眼干燥症的环孢素滴眼液。2022 年 6 月和 2023 年 3 月，兆科眼科的环孢素 A 眼凝胶、恒瑞医药的 SHR8028 滴眼液（1% 环孢菌素 A 制剂）的 NDA 分别获 NMPA 受理。两者均为化学药改良型新药。

另一个在靶点和作用机制上取得明显突破的是抗 VEGF（血管内皮生长因子）药物。根据弗若斯特沙利文的数据，在 2020 年中国眼科药物市场中，抗 VEGF 药物的市场份额占第二位，为 16.8%，紧随抗炎、抗感染药物之后。当下，抗 VEGF 药物已经成为眼底血管疾病的主要药物，如湿性年龄相关性黄斑变性（AMD）、糖尿病黄斑水肿（DME）、视网膜静脉阻塞（RVO）。

2013 年，康弘药业的该类产品康柏西普在国内获批用于治疗 AMD。此外，2011 年和 2018 年，同类竞品诺华的雷珠单抗、拜耳的阿柏西普先后获批进口。随着前述两个进口产品专利到期，齐鲁制药的雷珠单抗、阿柏西普生物类似药均已进入上市申请阶段，另有数家国内公司产品处于临床Ⅲ期。

目前中国白内障药物有多种类别，如图 2-9 所示，按药品剂型可分为滴眼液制剂、口服制剂、软膏制剂和凝胶制剂等；按给药途径可分为眼睛局部治疗和口服全身治疗两种；按学科分类，可分为化学药与中成药两种。其中化学药主要包括苄达赖氨酸滴眼液、吡诺克辛钠滴眼液、谷胱甘肽滴眼液等种类；中成药主要包括复明片、麝珠明目滴眼液、杞菊地黄丸等。

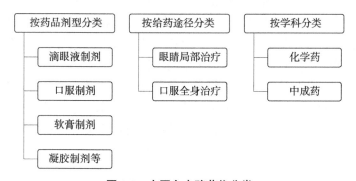

图 2-9　中国白内障药物分类

图 2-10 示出中国眼科用药市场规模情况。由图可见，在中国眼科用药领域，白内障药品市场规模相对较小；但白内障具有发病率高、患者在接受手术治疗前需持续使用较长时间药物进行治疗等特点，如图 2-10 所示，2016 年中国白内障药物市场规模达到 36.06 亿元，近年来在集采降价、医保、竞争加剧等因素的影响下，中国白内障药物市场规模呈下行态势，2021 年中国白内障药物市场规模为 18.30 亿元，占眼科用药市场的 8.90%。2023 年中国白内障用药市场规模将达到 19.82 亿元，占眼科用药市场的 8.99%。

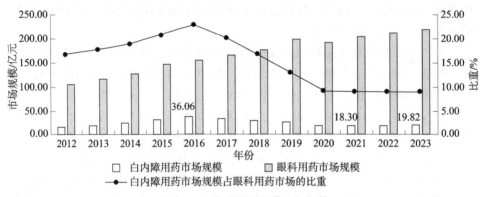

图 2-1-10　中国眼科用药市场规模

资料来源：共研产业咨询。

从中国白内障药品市场各用药途径市场份额分布看，滴眼剂占有重要地位，口服剂次之。其他如注射剂，膏剂市场量较小。近年来，滴眼剂市场份额保持在 55% 左右。白内障用药口服剂型包括片剂、丸剂、胶囊剂等。口服剂型尤其是中成药口服剂型在白内障治疗领域发挥了重要作用，市场份额维持在 35% ～ 45%。

近年来，中医药治疗白内障因其具有良好的疗效和广泛的治疗条件受到了众多研究者的关注。对中医药治疗白内障的研究主要形成了以祁明信、刘平、李翔为主的 3 个核心研究团队，以祁明信、黄秀榕、严京等为代表的团队合作较为紧密，研究内容主要集中于中药单体（姜黄素、榄香烯、金雀异黄素等）对晶状体氧化损伤的防护作用及机制研究；以刘平、关立南为代表的团队的研究方向侧重于中药单体（黄芪甲苷、红景天苷等）对糖尿病性白内障的治疗作用；以李翔、黄秀蓉等为代表的团队研究内容涉及中药复方糖障明对糖尿病大鼠晶状体的实验研究。

2.2 行业政策环境

我国相关部门制定了一系列支持退行性疾病用药行业的法律法规和政策。

2022 年 1 月 30 日，工业和信息化部、国家发展和改革委员会、科技部、商务部、国家卫生健康委员会、应急管理部、国家医疗保障局、国家药品监督管理局、国家中医药管理局九部门联合印发《"十四五"医药工业发展规划》。其中，在医药创新产品和产业技术目标中，关于化学药创新，重点发展针对肿瘤、自身免疫性疾病、神经退行性疾病、心血管疾病、糖尿病、肝炎、呼吸系统疾病、耐药微生物感染等重大临床需求，以及罕见病治疗需求，具有新靶点、新机制的化学新药。发展基于反义寡核苷酸、小干扰 RNA、蛋白降解技术（PROTAC）等新型技术平台的药物。根据疾病细分进展和精准医疗需求，发展针对特定疾病亚群的精准治疗药物。发展有明确临床价值的改良型新药。可见，随着老龄化等患病人群迅速增加，亟须关于退行性疾病的药物创新。

2022 年 6 月 10 日，国家自然科学基金委员会发布器官衰老与器官退行性变化的机制重大研究计划 2022 年度项目指南，旨在明确组织器官衰老及退行性变化的共性机制和器官特异性改变的分子基础，通过发展与衰老及器官退行性变化相关研究的新方法与新技术，聚焦重要人体组织器官和生理功能系统的衰老及其向退行性变化演变的早期过程，明确器官衰老和器官退行性变化相关的分子、细胞和功能变化特征，阐释器官衰老及向退行性变化演变的调控机制，认识衰老相关疾病发生发展，从而为建立衰老相关疾病的应对策略提供理论指导。足见我国对于组织器官衰老及退行性变化的机理研究的需求和重视。

此外，国家在骨骼健康、老年痴呆、老龄化、中药创新也都有相关的政策，能够助力相关退行性疾病的药物创新。

2.2.1 有关骨质疏松

早在 20 世纪 90 年代，我国就加强了对骨质疏松症的防治措施。自 1994 年起，骨质疏松症的防治先后列入国家"九五""十五"和"十一五"支撑课题；2002 年卫生部在中国 13 个城市按照国际通用流行病学方案和质量控制方案开展了中国正常人骨峰值和骨质疏松症患病率的第一个前瞻性调查。2003 年 10 月经卫生部批准引进了国际骨密度测量培训班，以提高我国对骨质疏松症的诊断能力。2008 年 3 月，中国健康促进基金会与国际骨质疏松基金会联合发布了《骨质疏松症防治中国白皮书》，并签署了合作备忘录，把骨质疏松防治国际性合作行动提高到了更新水平；2015年"中国健康知识传播激励计划"将骨质疏松防治列为年度宣传主题之一；2017年，国家卫生健康委启动了"健康骨骼"专项行动，以中青年和老年人为重点人群，开展"健康骨骼、健康人生"系列活动及工作。

健康骨骼近年来持续受到国家政策重视。《健康中国行动（2019—2030年）》《中国防治慢性病中长期规划（2017—2025年）》《全民健康生活方式行动方案（2017—2025年）》等重要文件都强调了"健康骨骼"的重要性——健康骨骼是促进公众健康、助力健康中国的重要支撑。《"健康中国2030"规划纲要》明确提出，要开展"健康骨骼"等专项行动，提高全民健康素养。无论是国家卫健委启动的"三减三健"专项行动，还是国家卫健委组织中国疾控慢病中心联合中华医学会骨质疏松和骨矿盐分会完成的我国首个基于社区人群的大规模多中心中国居民骨质疏松症流行病学调查，都是这一行动的贯彻与执行。

2.2.2　有关老年痴呆

《健康中国行动（2019—2030年）》明确提出65岁及以上人群老年痴呆患病率增速下降的目标。国家卫健委印发的《探索老年痴呆防治特色服务工作方案》强调，我国公众对老年痴呆防治知识知晓率要达到80%，社区（村）老年人认知功能筛查率达到80%。

2023年5月，国家卫生健康委办公厅下发《关于开展老年痴呆防治促进行动（2023—2025年）的通知》，提出要及时发现痴呆高风险人群和疑似痴呆人群，指导其及时到有关机构就诊，并对诊断为轻度认知损害和痴呆的人群进行干预服务，延缓病情进展，改善生活品质。

2.2.3　有关老龄化健康

《"健康中国"2030规划纲要》提出加强"重点人群的健康服务""促进健康老龄化"。2018年，在党的十九大报告中，习近平总书记明确提出，"实施健康中国战略""积极应对人口老龄化，构建养老、孝老、敬老政策体系和社会环境，推进医养结合，加快老龄事业和产业发展"。2019年，国务院发布《关于实施健康中国行动的意见》，强调"加快推动从以治病为中心转变为以人民健康为中心"，并将"实施老年健康促进行动"作为维护全生命周期健康的重要一环。这些政策成为以老年人为主要群体的退行性病变的产业创新的保障。

2.2.4　有关中药创新

2020 年 12 月，国家药品监督管理局印发《关于促进中药传承创新发展的实施意见》，对改革完善中药审评审批机制、促进中药传承创新发展进行顶层设计和整体规划。2021—2023 年，《"十四五"中医药发展规划》《基于"三结合"注册审评证据体系下的沟通交流指导原则（试行）》《关于加强新时代中医药人才工作的意见》《基层中医药服务能力提升工程"十四五"行动计划》《"十四五"国民健康规划》《深化医药卫生体制改革 2022 年重点工作任务》《中药注册管理专门规定》等政策相继发布，促进中药行业发展。

第 3 章　退行性疾病产业专利分析

通过对退行性疾病产业全球、中国专利分析，能够了解退行性疾病产业的技术发展趋势、全球专利分布情况、重点机构的研发能力，发现我国退行性疾病产业领域的技术水平与国际其他国家或地区的差异，为我国企业在退行性疾病技术发展方面提供一定帮助。

3.1　专利发展态势分析

3.1.1　全球及主要国家 / 地区专利申请趋势分析

下面分析 2000 年以来（截至 2023 年 8 月）全球及主要国家或地区的专利申请趋势。

如图 3-1 所示，全球退行性疾病产业的专利申请自 2000 年以来在整体上呈现逐步增加的态势，2000—2008 年每年增长缓慢，2009—2010 年出现小幅回落，自 2011 年起开始加速增长，2016—2018 年略有起伏波动，受到老年人口上升的影响，2019—2021 年再次出现快速增长，此后略有下降。我国退行性疾病产业的专利申请量与全球退行性疾病产业的专利申请量在整体趋势上较为相近，2000—2010 年逐年缓慢增长。2010 年我国第六次全国人口普查中60 岁及以上人口占比上升 5.44 个百分点，与老龄化密切相关的退行性疾病专利申请量自 2011 年起增速加大，并且，受到全球老年人口上升影响，2019—2021 年再次升高。美国退行性疾病产业的专利申请量在 2000—2001 年增加突出，2009 年基本保持稳定，自 2010—2020 年为缓慢下降再缓慢回升的状态，至 2020 年达到最大量，此后略有下降。欧洲专利申请自 2000—2007 年呈现平稳缓慢增长状态，此后至 2020 年基本保持稳定。日本专利申请量自 2000 年以来呈现逐年缓慢下降的趋势，没有较大的起伏。韩国专利申请量在 2000—2014 年基本稳定，2015 年之后呈现逐年下降趋势。

专利申请量上看，我国退行性疾病发展迅速，尤其是在 2010 年之后，我国对全球专利申请量的增长贡献突出，这也说明我国老龄化问题凸显，但国家层面已充分重视对于与衰老、年龄相关的退行性疾病的防治工作，在相关科研技术发展及政策引导等多重因素影响下，相关行业发展迅猛。而相较我国而言，更早进入老龄化阶段的国家或地区，如欧洲、日本，关注退行性疾病的时间更早，但在 2014—2023 年对于退行性疾病的关注略有下降。

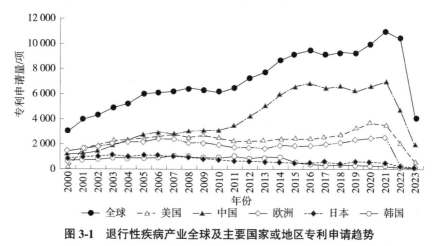

图 3-1　退行性疾病产业全球及主要国家或地区专利申请趋势

3.1.2　我国重点省市专利申请趋势分析

以下分析自 2000 年以来（截至 2023 年 8 月）退行性疾病产业领域我国重点省份专利申请的趋势，选择了直辖市北京、上海，医药行业发展前列的江苏省和广东省，以及西部重点发展的四川省，结果如图 3-2 所示。

如图所示，北京专利申请量自 2000 年以来呈现波动性增长的趋势，分别在 2005 年、2008 年、2012 年、2018 年出现小峰值。上海专利申请量在 2000—2002 年出现下降，至 2021 年保持稳步增长的趋势。江苏省专利申请量 2000—2013 年呈现逐年增长的趋势，尤其是在 2009 年之后增速明显，这与全国专利申请量趋势相同，2014—2021 年出现起伏波动，2021 年的专利申请量与 2013 年基本保持相同。广东专利申请量在 2000—2012 年保持小幅上升态势，2013—2018 年增长迅速，2019—2021 年出现下降后回升的趋势。四川省专利申请量同样在 2013 年之前呈现缓慢平稳增长的态势，此后加速增长，至 2017 年达到峰值，至 2019 年回落到低点，此后再次增长。

从专利申请趋势上看，五省份尽管在趋势波动上存在差异，但是自 2000 年以来均保持了专利申请量提升的状态，尤其是 2009 年之后增速明显，表明我国重点省份均已意识到老龄化所带来的危机，并且具有针对这一问题开展研发工作、投入创新热情。

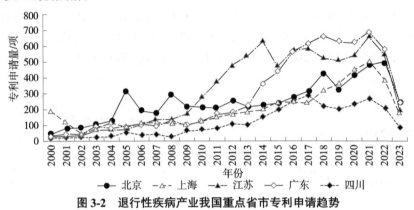

图 3-2 退行性疾病产业我国重点省市专利申请趋势

3.1.3 天津市专利申请趋势分析

图 3-3 示出自 2000 年以来（截至 2023 年 8 月）退行性疾病产业天津市专利申请趋势。天津市退行性疾病产业的专利申请量自 2000—2004 年快速增长，此后波动性增长，至 2015 年达到最高点，突破 110 项，2016 年专利申请量基本保持不变，此后略有下降，基本保持在每年 80 项左右。从专利申请量上看，自进入 2000 年以来，天津市退行性疾病产业整体向好，具有较高的创新活力，但研发基础相对稳定，可以考虑引入新生力量。与全国专利申请趋势略有区别的是，天津市退行性疾病产业的专利申请量并未在 2009 年之后出现明显提升的趋势，表明近几年相关领域的发展速度滞后于全国平均速度，建议政府有关部门提高对于老年人口人数增速的敏感性，加强政策引导，同时鼓励相关科研机构的提升研发水平及研发速度。

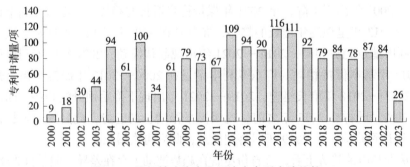

图 3-3 退行性疾病产业天津市专利申请趋势

3.2 专利区域布局分析

3.2.1 全球及主要国家或地区专利申请情况分析

表 3-1 列出自 2000 年以来（截至 2023 年 8 月）的专利申请分布。从专利来源国家（地区、组织）来看，美国是专利申请的主要来源国，专利申请量最大，将近 28 万项；其次是中国，超过 8 万项；日本位列第三名，此后依次是英国、韩国、德国、法国和印度。美国和中国的专利申请量总和占全球专利申请量 80% 以上，说明美国和中国在退行性疾病行业占主要地位。

表 3-1 退行性疾病产业全球专利申请量分布

来源国家（地区、组织）	专利申请量 /项	目标国家（地区、组织）	专利申请量 /项
美国	279 324	中国	103 529
中国	84 448	美国	86 591
日本	22 588	世界知识产权组织	66 717
英国	21 718	欧洲专利局	52 129
韩国	13 883	澳大利亚	34 186
德国	9 600	加拿大	31 416
法国	7 904	日本	19 734
印度	7 332		

从专利目标国家（地区、组织）来看，中国和美国是各国家（地区、组织）进行专利布局的重点国家，说明中国和美国是全球退行性疾病行业最重要的市场，这与产业情况是一致的，中国和美国的老年化程度较高并且呈持续上升趋势，这两个国家在退行性疾病产业的重视程度和科研投入程度也较高。澳大利亚、加拿大和日本也是全球退行性疾病行业的主要市场。从目标国家的各国（地区、组织）可以看出，退行性疾病行业在全球范围内受到重视，同族申请在各国（地区、组织）的布局均比较多。

值得注意的是，美国作为技术来源国家的专利申请量较大，而在目标国家中公开的专利数量较少，这可能由于美国存在临时申请，这样的临时申请可以作为早期申请，但是最终不被公开，而这种早期申请在先申请制度下具有优势。

表 3-2 示出退行性疾病产业全球专利申请五局流向情况，分析中、美、欧、日、韩五大局的专利流向，展现出该技术在五大局的技术发源情况和市

场布局情况，可以帮助了解该项技术被哪些国家的申请人所持有，即技术来源国，而这些专利持有者除了将该技术布局在所属国，还布局到了哪些目标市场。

由表3-2可以看出，中国虽然在美国、日本、韩国均有专利布局，但是数量占比小，可见中国的专利申请人对于技术输出的意识不强。而美国、日本、韩国的国外专利布局比例较高，比较重视技术输出。美国将中国作为最大的技术输出国，日本将美国作为最大的技术输出国。除了中国，日本和韩国的海外专利布局也将美国作为国外布局的重点区域。

表 3-2　退行性疾病产业全球专利五局流向分布　　　　　　单位：项

技术来源国 / 地区	目标市场国 / 地区				
	中国	美国	欧洲专利局	日本	韩国
中国	72 654	1 578	1 359	296	155
美国	18 433	63 526	30 784	9 656	5 481
欧洲专利局	4 053	6 197	8 007	1 549	1 337
日本	1 928	3 218	2 416	4 945	818
韩国	1 199	1 569	965	488	6 741

3.2.2　中国专利来源国及国内专利申请量分布

3.2.2.1　来源国分布

图3-4示出2000年1月至2023年8月中国退行性疾病专利的来源国。从中国专利来源国分布可以看出，中国申请人专利申请量占据中国专利申请超过七成，占比为70.2%，其他国家申请人专利申请占29.8%。美国是中国专利中除中国申请人外最主要的来源国，其次是日本、英国、韩国、德国和法国。我国对退行性疾病技术的研发与投入方面非常重视，研发热情较高。其他国家和地区的申请人也同样重视我国市场。因此，要做好海外专利申请人的中国专利侵权风险评估。

3.2.2.2　国内分布

分析中国各省份专利数量有助于了解各省份的技术创新能力和活跃程度。图3-5示出2000年1月至2023年8月国内各省份退行性疾病产业专利申请量。

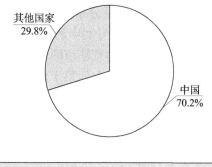

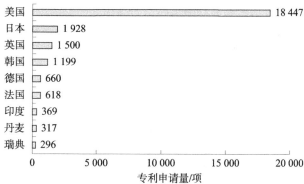

图 3-4　退行性疾病产业中国专利来源国专利申请量分布

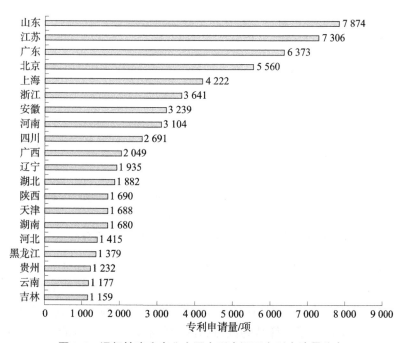

图 3-5　退行性疾病产业中国专利来源国专利申请量分布

从国内退行性疾病产业专利申请量分布看来，专利技术主要集中分布在东部、南部，其中山东、江苏、广东的专利申请总量位列前三名，这与三者作为医药行业领先省份的背景相符。同为直辖市的北京、上海分列第四、五位，表明二者在医疗领域具有资源优势。第六到第十位分别为浙江、安徽、河南、四川、广西。第十一至第二十位的专利申请量在 1 000 ～ 2 000 项之间。天津市位于第十四位，专利申请量为 1 688 项，与前五名的专利申请量相比存在较大的差距，说明天津市的退行性疾病产业技术水平在全国范围内相对较薄弱，创新活力亟待增强。

3.2.2.3　天津市各区专利申请情况分析

图 3-6 示出 2000 年 1 月至 2023 年 8 月天津市各区退行性疾病产业专利申请量。

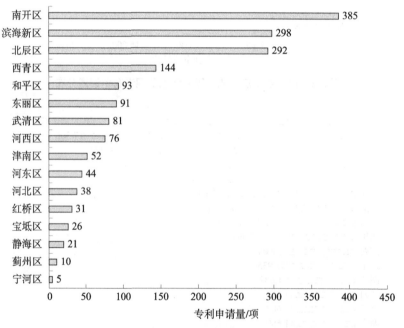

图 3-6　退行性疾病产业天津市各区专利申请量分布

从图 3-6 中可以看出，按照专利申请量，天津市各区县可分为五个梯队。第一梯队为南开区，专利申请量近 400 项，该区的天津药物研究院有限公司、天津大学、南开大学、天津中医药大学、天津医科大学眼科医院等是退行性疾病的主要创新主体。第二梯队为滨海新区和北辰区，专利申请量接近 300 项，天津科技大学是滨海新区的申请主力，另外天津保元堂生物科技有限公司、天津国际生物医药联合研究院有限公司、泰达国际心血管病医院等也位于该区。天士力是北辰区最主要的申请人，其他创新主体包括天津市汉康医药生物技术有限公司、天津市汉瑞药业有限公司。第三梯队为西青区，专利申请量超过100 项。天津太平洋制药有限公司、天津理工大学、天津工业大学是该区的主要创新主体。第四梯队包括和平区、东丽区、武清区、河西区，专利申请量在70 ～ 100 项。和平区创新主体包括天津医科大学、天津医科大学总医院、中国人民解放军军事医学科学院卫生学环境医学研究所等。东丽区创新主体包括天津市中宝制药有限公司、天津市湖滨盘古基因科学发展有限公司。武清区有天津红日药业股份有限公司、天津天狮生物发展有限公司等多家企业。河西区包括天津医科大学河西校区、天津科技大学河西校区。第五梯队为津南区、河东区、河北区、红桥区、宝坻区、静海区、蓟州区和宁河区，上述区域医疗创新主体较少，专利申请量低。

3.3　专利申请人竞争格局分析

3.3.1　全球专利申请人分析

3.3.1.1　全球专利申请人类型分析

图 3-7 示出退行性疾病产业全球专利申请人类型。全球专利申请人以企业为主，占比 53%，说明该行业技术产业化程度比较高，技术应用比较广泛。其次是个人，占比 21%，该领域相关的个人创新热情比较高。院校 / 研究所占

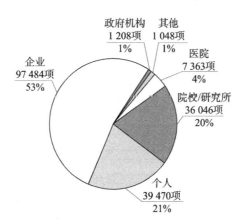

图 3-7　退行性疾病产业全球专利申请人类型分布

比为20%，科研院所对于退行性疾病的研究较丰富，对与老龄化相关的社会痛点较敏感。另外，医院申请人占比4%，政府机构申请人占比为1%。从数据可以看出，退行性疾病的职务发明占比很高，将近80%，说明退行性疾病产业的研发条件和环境能够得到保障，研发水平较高。

3.3.1.2　全球专利申请人排名

1. 全球企业申请人排名

图3-8示出退行性疾病产业全球企业申请人排名前十位的申请人。其中没有中国企业申请人，原因在于我国的退行性疾病产业相对于发达国家起步晚，研发投入也相对较小。排名第一、第二位的弗哈夫曼拉罗切有限公司、诺华公司均是瑞士企业，这与瑞士制药在世界制药业举足轻重的地位一致。排名第三、第四、第七、第十位的百时美施贵宝公司、默沙东药厂、辉瑞公司、惠氏公司来自美国。排名第五位的阿斯利康制药有限公司来自瑞典，位列第六位的詹森药业有限公司为比利时企业，排名第八位的武田药品工业株式会社来自日本，第九名的马克专利公司为德国企业。从专利申请人国别占比可以看出，美国企业占比最高，与退行性疾病的市场占有率情况相应。全球前十位的企业申请人来自美国、欧洲和日本，说明发达国家关于退行性疾病的科研水平较高，并且重视与该领域相关的专利保护。退行性疾病领域以其丰厚的经济前景吸引着各大公司投入研发，中国企业还未能挤进前列，可见在退行性疾病研究方向，我国仍需加大投入。

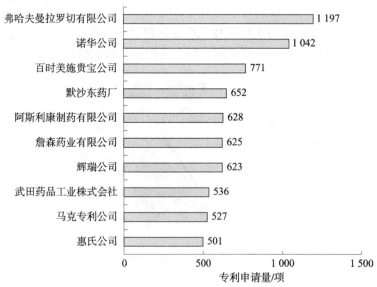

图3-8　退行性疾病产业全球企业申请人排名

上述数据还说明，我国在退行性疾病领域影响力较小，国外企业根据竞争力强，对我国相关领域企业的威胁较大，中国企业需要提升科研水平和专利布局意识。对于诸如阿尔茨海默病的神经退行性疾病而言，发病机理尚无定论，基于不同理论的技术研发处于探索阶段，而且由于不同药物机理存在一定区别，各大企业的起跑线相当，而对于像诺华这样在现有药物方面占据主导地位的企业，其在新型药物研究方面未必占有足够的优势，而那些在现有药物方面不具有专利控制力的企业，反而将大量的人力财力投入新型的药物研究中，有可能会实现弯道超车的效果。在退行性疾病研究方面整体发展较落后的中国对于着手研究新型药物迫在眉睫，同时做好专利申请布局的保驾护航也是重中之重。

2. 全球个人申请人排名

图 3-9 示出退行性疾病产业全球排名前十位的个人申请人。从图中可以看出，排名前十位的个人申请人中中国人占 7 名，占比为 70%。其中，杨洪舒的专利大多数是与苏州知微堂生物科技有限公司共同申请，涉及中药、保健功能性产品及其制备方法。其他个人均为单纯个人申请，余内逊的专利主要为药食两用原料保健食品，徐梅的专利主要涉及降高血压、治疗颈椎病的中药产品，蒋晓红申请的专利主要涉及治疗骨质疏松的中药产品，杨孟君申请的专利主要涉及纳米制剂及其制备方法，陈冠卿申请的专利主要涉及治疗骨与关节相关疾病、痴呆等中药以及康复设备，刘力申请的专利主要涉及治疗退行性疾病的化学药物制剂。

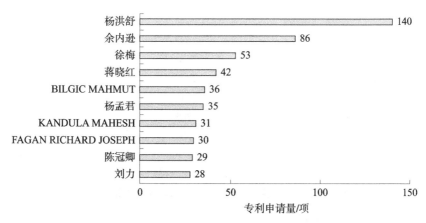

图 3-9　退行性疾病产业全球个人申请人排名

位列前十名的外国个人申请人共三位，其中 BILGIC MAHMUT 来自土耳其，其专利涉及治疗神经系统、心血管系统的化学药物；KANDULA

MAHESH 来自美国，其专利涉及治疗神经、心血管疾病的化学药；FAGAN RICHARD JOSEPH 来自英国，其专利是与阿莱斯贸易有限公司的共同申请，主要是与生物技术相关的专利。

从数据可以看出，我国个人申请的创新热情较高，并且具有传统医学特色，体现了我国个人专利申请的科研水平。相较而言，国外申请人更注重职务发明，科研水平相对较高。（提示：我国个人申请可以注重科研与产业的结合，提高科研水平和成果转化率。）

3. 全球院校 / 研究所

图 3-10 示出退行性疾病产业全球院校 / 研究所申请人排名前十位的申请人。从图中可以看出，加利福尼亚大学董事会、约翰霍普金斯大学、得克萨斯大学体系董事会、小利兰斯坦福大学托管委员会、哈佛大学校长及研究员协会、纽约市哥伦比亚大学理事会来自美国，法国国家健康医学研究院、法国国家科学研究中心来自法国，中国药科大学、浙江大学来自中国。从申请人国别占比上看，美国申请人最多，占比 60%，法国、中国的申请人各占 20%。在退行性疾病领域，美国科研院校的创新实力最强，并且注重专利布局。中国药科大学和浙江大学已经具备与世界一流科研院所竞争的实力，并且具有较强的专利意识，此后应当关注科研成果转化，产学研的结合。

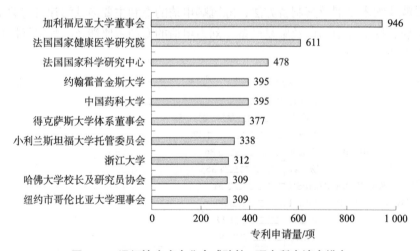

图 3-10　退行性疾病产业全球院校 / 研究所申请人排名

4. 全球医院申请人排名

图 3-11 示出退行性疾病产业全球排名前十位的医院申请人。从图中可以看出，全球排名前十位的医院申请人被中国和美国包揽。复旦大学附属中山医院、四川大学华西医院、中国医学科学院阜外医院、中国人民解放军总医院、

中南大学湘雅医院、华中科技大学同济医学院附属协和医院、首都医科大学宣武医院来自中国，布赖汉姆妇女医院、贝斯以色列护理医疗中心、雪松西奈医学中心来自美国。按照国别占比，中国申请人占 70%，美国占 30%。在退行性疾病方面，中国医院的科研水平已达国际前列，创新热情较高，并且专利意识较强。从申请量上看，美国医院申请人的专利申请量比较更多，表明其创新水平高，中国医院申请人应当加以关注。

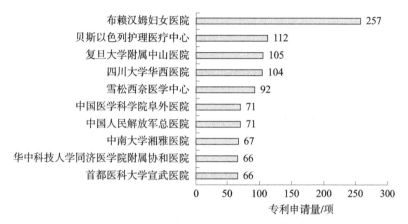

图 3-11　退行性疾病产业全球医院申请人排名

3.3.2　中国专利申请人分析

3.3.2.1　中国专利申请人类型分析

　　图 3-12 示出退行性疾病产业中国专利申请人类型分布。从图中可以看出，企业申请人占比最高，为 49.9%，其次是个人申请人，占比 25.3%。院校 / 研究所申请人排名第三位，占比 18.0%。医院申请人排名第四位，占比 6.4%。与全球的申请人类型排名相比，我国退行性疾病产业企业申请人、院校 / 研究所申请人占比均有下降，个人申请人和医院申请人略有增加。这表明我国退行性疾病产业在产业化方面与全球水平相比略有欠缺，创新成果转化的程度可能有所下降，提醒我国在退行性疾病产业发展中应当注意产研结合，打通产业链的全脉络。

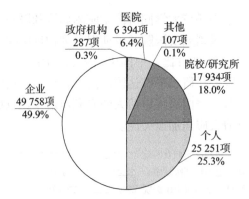

图 3-12   退行性疾病产业中国专利申请人类型分布

3.3.2.2   中国专利申请人排名

1. 中国企业申请人排名

图 3-13 示出退行性疾病产业中国企业申请人排名。其中，广东东阳光药业股份有限公司排名第一位，专利申请量超过 300 项，其申请主要涉及治疗神经退行性疾病的化学药物；天士力医药集团股份有限公司排名第二位，专利申请量超过 200 项，其申请主要涉及治疗心血管退行性疾病的中医药产品；排名第三位的是江苏恒瑞医药股份有限公司，其申请主要涉及治疗神经、心血管系统的化学药物；排名第四位的是上海博德基因开发有限公司的申请，其主要与蛋白、多肽类成分相关；上海恒瑞医药有限公司排名第五位，其申请主要涉及治疗神经、心血管系统的化学药物；排名第六位的是苏州知微堂生物科技有限公司，其申请主要涉及中药、保健功能性产品及其制备方法；健泰科生物技术公司排名第七位，其申请主要涉及治疗神经退行性疾病相关的化学药、生物技术；排名第八位的是鲁南制药集团股份有限公司，其申请主要涉及治疗心血管系统的化学药物；排名第九位的是天津药物研究院有限公司，其申请主要涉及治疗骨与关节、心血管系统的化学药物；正大制药（青岛）有限公司排名第十位，其申请主要涉及调节骨代谢的化学药物。

从上述企业申请的药物类型看，化学药的研发企业最多，而涉及生物技术的企业较少，反映出我国生物技术方面存在短板，应当从创新人才培养、科研基础、企业孵化等多方面提供引导。

天士力医药集团股份有限公司和天津药物研究院有限公司是进入前十名的天津市企业，其表明天津市企业在退行性疾病领域，尤其是心血管退行性疾病以及骨与关节退行性疾病方面具有一定的影响力。

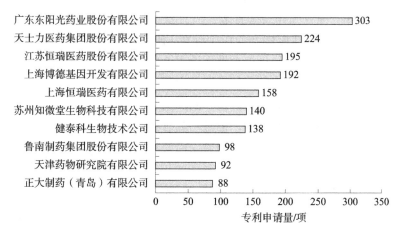

图 3-13　退行性疾病产业中国企业申请人排名

2. 中国个人申请人排名

图 3-14 示出退行性疾病产业中国个人申请人排名情况。由图可知，除了已经排入全球前十名的七位申请人，排名第八位的是陈志龙，其申请主要涉及治疗眼、心血管系统的化学药物；排名第九位的是张雅珍，其申请主要涉及治疗眼退行性的新化合物；张志年排名第十位，其与徐州绿之野生物食品有限公司共同申请，申请主要涉及治疗高血压的保健食品。从数量上看，进入前十位的个人申请人的申请量均超过 20 项，远超过我国个人拥有专利申请量。但是值得注意的是，个人申请应当质、量并重，以质优先，只有夯实创新水平，才能够实现创新成果的经济转化。

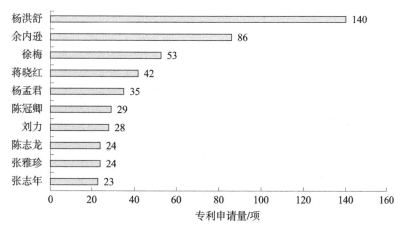

图 3-14　退行性疾病产业中国个人申请人排名

3. 中国院校/研究所申请人排名

图 3-15 示出退行性疾病产业中国院校/研究所申请人排名情况。从图中可以看出，医药院校占 5 位，综合类大学占 5 位。其中，中国药科大学、中国科学院上海药物研究所、沈阳药科大学、中国医学科学院药物研究所、中国人民解放军第四军医大学均为医药院校；浙江大学、复旦大学、中山大学、四川大学、暨南大学属于综合类大学，但是均拥有科研水平较高的医药学院，这说明退行性疾病的医药领域特色非常明显，需要具有较强的相关科研基础，才能实现有价值的创新。从数量上看，排名前十位的院校/研究所的专利申请量均较大，与个人专利申请形成鲜明的对比，说明院校/研究所的科研设备和条件是研发的强大背景，院校/研究所更容易接触科技前沿资讯，有利于实现突破性的创新。

另外，天津中医药大学在全国院校/研究所排名较为靠后，约为第 50 名，这可能与其中医特色较强相关，同时提示天津中医药大学发掘领域特色，强化专利意识，关注专利布局，提高成果转化效率。

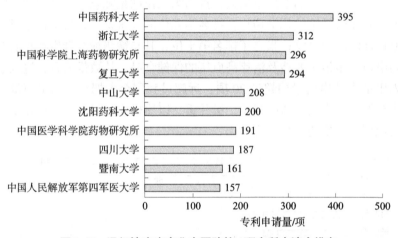

图 3-15　退行性疾病产业中国院校/研究所申请人排名

4. 中国医院申请人排名

图 3-16 示出退行性疾病产业中国医院申请人排名。从图中可以看出，除上海第一人民医院、中国人民解放军总医院之外，其他 8 家医院均是院校附属或相关的医院，学院的科研背景较大地帮助了医院的科研创新。另外，上述医院均属于全科医院，给涉及多个生理系统的退行性疾病的研究提供了有利条件。

天津市的医院在全国医院排名比较靠后，可见天津市的医院在退行性疾病方面的研究较少，而医院的支撑是新药研发的关键，可以通过引进、合作等方式进行激励。

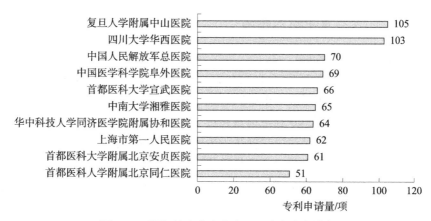

图 3-16　退行性疾病产业中国医院申请人排名

3.3.3　天津市专利申请人分析

3.3.3.1　天津市申请人类型分析

图 3-17 示出退行性疾病产业天津市专利申请人类型情况。从图中可以看出，天津市企业申请人占比最高，为 59.3%，高于 49.9% 的全国企业占比；天津市院校 / 研究所占比排名第二位，占比 20.4%，高于 18.0% 的全国院校 / 研究所占比；天津市个人申请人占比排名第三位，占比 14.1%，低于 25.3% 的全国个人申请人占比；天津市医院申请人占比排名第四位，占比 6.1%，略低于 6.4% 的全国医院占比。从数据可以看出，天津市企业和院校 / 研究所的占比均高于全国占比，这从侧面表明天津市退行性疾病产业发展的科研和转化基础较好，天津市应当把握现有创新资源，实现退行性疾病产业的更优发展。

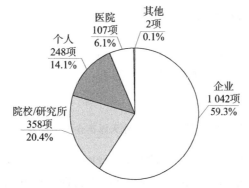

图 3-17　退行性疾病产业天津市专利申请人类型分布

3.3.3.2 天津市申请人排名

1. 企业申请人排名

图 3-18 示出退行性疾病产业天津市企业申请人排名。从图中可以看出，天津市排名前十位的企业形成三个梯队。第一梯队为天士力，其是天津市退行性疾病产业的企业主力军，专利申请量超过 200 项，其申请主要涉及治疗心血管退行性疾病的中医药产品；第二梯队为天津药物研究院有限公司，专利申请量近 100 项，其申请主要涉及治疗骨与关节、心血管系统的化学药物；其他企业为第三梯队，专利申请量为 20 项左右，其中，天津市中宝制药有限公司排名第三位，专利申请主要涉及治疗骨与关节、心血管相关的中药产品；排名第四位的天津太平洋制药有限公司的申请主要涉及治疗心脑血管、眼、骨与关节相关的中药产品和化学药物；排名第五位的天津市汉康医药生物技术有限公司的申请主要涉及治疗骨质疏松、心血管相关的化学药物；排名第六位的天津开发区经经新优技术产品开发有限公司的申请主要涉及中药制剂的开发；排名第七位的天津红日药业股份有限公司的申请主要涉及心血管、眼等相关的化学药物和中药产品；排名第八位的天津天狮生物发展有限公司的申请主要涉及骨质疏松、骨与关节、心血管相关的保健食品；排名第九位的天津世纪康泰生物医学工程有限公司的申请主要涉及治疗眼退行性疾病的材料和设备；排名第十位的天津开发区太人生物科技有限公司的申请主要涉及治疗心血管相关的保健食品。

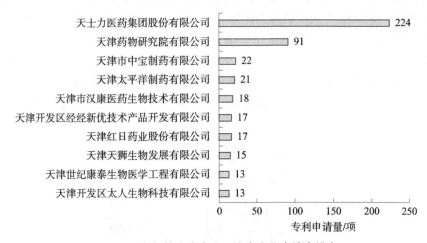

图 3-18　退行性疾病产业天津市企业申请人排名

从企业的主要申请来看，天津市退行性疾病企业研发更多的与心血管、骨与关节、骨质疏松、眼等相关，涉及神经退行性疾病的创新较少。产品技术上，中医药特色比较明显，但也不乏存在关于眼退行性疾病的材料和设备。提示：天津市退行性疾病企业研发应当从更多角度出发，覆盖退行性疾病的全领域。

2. 天津市院校 / 研究所申请人排名

图 3-19 示出退行性疾病产业天津市院校 / 研究所申请人排名。从图中可以看出，天津大学、南开大学、天津中医药大学分列前三位，其次是天津科技大学、天津医科大学、天津工业大学、河北工业大学、天津理工大学、中国医学科学院生物医学工程研究所、中国人民解放军军事医学科学院卫生学环境医学研究所。可见较为知名的天津市院校均申请了退行性疾病的专利，但是从数量上看，除了前三位超过 50 项专利申请之外，其他的院校 / 研究所的专利申请量并不多。(提示：天津市院校 / 研究所应当提高对于退行性疾病的关注，在科研中聚焦老龄化的社会问题，为解决社会医疗负担提供帮助。)

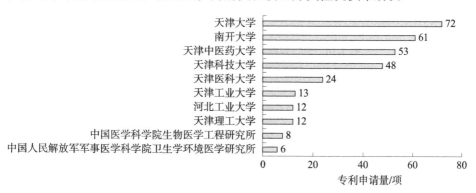

图 3-19 退行性疾病产业天津市院校 / 研究所申请人排名

3. 天津市个人申请排名

图 3-20 示出退行性疾病产业天津市个人申请人排名情况。从图中可以看出，天津市个人专利申请量均不多，报告仅统计了专利申请量超过 3 项的申请人。其中，王福起和李闯的专利申请主要为保健食品；杨清的专利申请主要涉及退行性疾病相关的装置；薛广顺的专利申请主要涉及保健设备；彭睿、彭宗禹与天津市程序脑科学研究所共同申请脑功能协调治疗仪专利；石学敏的专利申请主要涉及退行性疾病的康复设备和材料。从申请领域来看，个人专利申请不限于保健食品，同样包括退行性疾病相关的设备和材料，丰富了退行性疾病产业的领域范围。

4. 天津市医院申请人排名

图 3-21 示出退行性疾病产业天津市医院申请人排名情况。从图中可以看出，天津医科大学眼科医院的专利申请量最多，为 27 项，其次是天津医科大

学总医院，专利申请量为 16 项，第二到第八名的医院申请人的申请数量均低于 10 项。从数量看，天津市医院知识产权意识不强，应当提高从医疗实践中汲取创新思路的能力，提升专利布局意识。

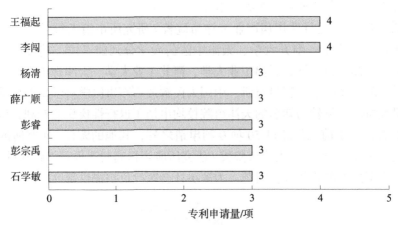

图 3-20　退行性疾病产业天津市个人申请人排名

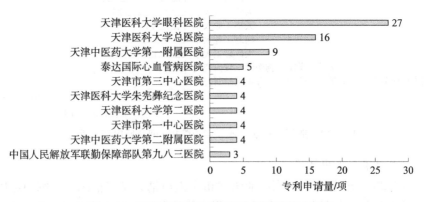

图 3-21　退行性疾病产业天津市医院申请人排名

3.4　专利布局重点及热点分析

根据对退行性疾病相关内涵的研究分析，其疾病集中在骨质疏松、骨与关节、神经系统、心血管、眼等领域，因此以下主要针对骨质疏松、骨与关节退行性疾病、神经退行性疾病、心血管退行性疾病、眼退行性疾病 5 个二技术分支进行统计，其中骨质疏松、神经退行性疾病、心血管退行性疾病分别细分三级分支。

3.4.1　全球专利重点及热点

需要说明的是，同一级的各技术分支之间在技术领域上可能存在交叉，使同一项专利申请被不同技术分支重复统计，从而使同一级的各技术分支的数量总和大于上一级技术分支的专利数量。

3.4.1.1　全球各分支申请量

表 3-3 示出退行性疾病产业全球各二级分支专利数量。图 3-22 示出退行性疾病产业全球各二级分支专利数量占比。

如表 3-3 和图 3-22 所示，退行性疾病产业全球专利申请中，心血管退行性疾病的专利申请量最多，为 73 843 项，占比为 35.6%；其次是神经退行性疾病，专利申请量为 67 279 项，占比为 32.4%；骨与关节退行性疾病专利申请量位列第三名，专利申请量为 28 332 项，占比为 13.7%；眼退行性疾病专利申请量排第四位，专利申请量为 23 962 项，占比为 11.6%；骨质疏松申请数量排名第五位，专利申请量为 14 015 项，占比 6.8%。

从数量上可以看出，心血管相关疾病作为危害人类生命的首要因素，其在退行性疾病专利申请中占比最高，可见关于心血管相关疾病的研究最广泛。随着 AD 等神经退行性疾病机理研究的深入，神经退行性疾病的研究日益增多，科研创新的热点也体现在了专利方面。相对于心血管退行性疾病的危害性，骨与关节退行性疾病、眼退行性疾病、骨质疏松通常不会危及生命，其在科研的重视程度稍逊于心血管等领域，但是其同样严重影响人类的生活质量，因此有必要进行寻求缓解疾病的方法。

表 3-3　退行性疾病产业二级分支专利申请量

一级分支	二级分支	专利申请量 / 项
退行性疾病	骨质疏松	14 015
	骨与关节退行性疾病	28 332
	神经退行性疾病	67 279
	心血管退行性疾病	73 843
	眼退行性疾病	23 962

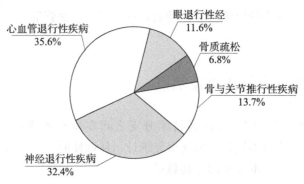

图 3-22　退行性疾病产业二级分支专利申请量占比

　　表 3-4 示出骨质疏松各三级分支的专利申请量。图 3-23 示出骨质疏松各三级技术分支专利申请量占比。

　　如表 3-4 和图 3-23 所示，调节骨代谢的专利申请量最多，为 12 543 项，占比 76.5%；中医药的专利申请量位列第二，为 1 979 项，占比 12.1%；基础补钙的专利申请量为第三名，为 1 864 项，占比为 11.4%。在 2000 年之前，已基本上探明基础补钙对于骨质疏松疾病的防治机制，20 世纪末至今，调节骨代谢是防治骨质疏松的研究热点。中医药的补益肝肾等理论通常被认为与防治骨质疏松相关，因此中医药同样是防治骨质疏松的研究方向。

表 3-4　骨质疏松各三级分支专利申请量

二级分支	三级分支	专利申请量 / 项
骨质疏松	基础补钙	1 864
	调节骨代谢	12 543
	中医药	1 979

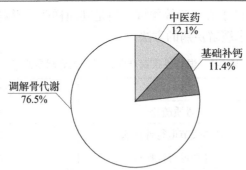

图 3-23　骨质疏松各三级分支专利申请量占比

　　表 3-5 示出神经退行性疾病各三级分支的专利申请量。图 3-24 示出神经

退行性疾病各三级技术分支专利申请量占比。

如表 3-5 和图 3-24 所示，神经退行性疾病的化学药分支专利申请量最多，为 46 414 项，占比为 59.12%；生物技术分支位列第二，专利申请量为 15 833 项，占比 20.17%；诊疗材料和设备排在第三位，专利申请量为 12 061 项，占比 15.36%；中医药分支排在第四位，专利申请量为 4 205 项，占比为 5.35%。

从数量上可以看出，化学药作为西医的传统优势，是神经退行性疾病的研发重点。随着生物科学技术的发展，干细胞、基因疗法等生物技术成为防治神经退行性疾病的生力军，而与生物技术相关的诊疗方法和设备也随之得到了发展。中医理论中的补脾、益肾、通窍等理论通常被认为与神智疾病相关，因此中医药也是治疗神经退行性疾病的重要手段。

表 3-5　神经退行性疾病各三级分支专利申请量

二级分支	三级分支	专利申请量 / 项
神经退行性疾病	生物技术	15 833
	化学药	46 414
	中医药	4 205
	诊疗材料和设备	12 061

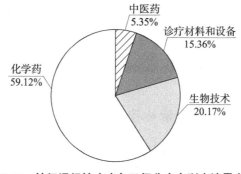

图 3-24　神经退行性疾病各三级分支专利申请量占比

表 3-6 示出心血管退行性疾病各三级分支的专利申请量。图 3-25 示出心血管退行性疾病各三级技术分支专利申请量占比。

如表 3-6 和图 3-25 所示，心血管退行性疾病的化学药分支专利申请量最多，为 31 483 项，占比 38.1%；诊疗材料和设备排名第二位，专利申请量为 15 304 项，占比 18.5%；生物技术排名第三位，占比 17.3%；中医药为第四位，专利申请量为 11 176 项，占比 13.5%；食品保健排名第五位，专利申请量为 10 406 项，占比 12.6%。

从数量上看，化学药是心血管退行性疾病的研发重点，其次是关于材料和设备的研发。生物技术在2000年之后得到了长足的发展，成为心血管退行性疾病的又一研发热点。中医药自古以来有治疗心血管退行性疾病的重要支撑，食品保健体现了大众在日常保健中对于心血管退行性疾病的关注。

表3-6　心血管退行性疾病各三级分支专利申请量

二级分支	三级分支	专利申请量 / 项
心血管退行性疾病	生物技术	14 315
	化学药	31 483
	中医药	11 176
	食品保健	10 406
	诊疗材料和设备	15 304

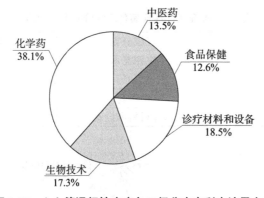

图3-25　心血管退行性疾病各三级分支专利申请量占比

3.4.1.2　全球各分支申请趋势

图3-26示出全球退行性疾病各分支的专利申请趋势。从图中可以看出，骨质疏松分支自2000年以来专利申请量呈逐年缓慢下降趋势。骨与关节退行性疾病2000—2011年缓慢上升，自2012年开始快速增长，至2016年达到顶峰，此后逐年下降。神经退行性疾病的专利申请量2000—2006年平稳上升，2007—2017年呈现缓慢下降再次回升的态势，自2018年开始快速增长。心血管退行性疾病的专利申请量2000—2004年呈上升趋势，2005—2010年保持稳定，2011—2015年呈现快速上升趋势，2016—2019年出现缓缓下降，此后再次上升。眼退行性疾病的专利申请量2000—2017年基本保持稳定，此后出现小幅缓慢上升。

从趋势上看，骨与关节退行性疾病、心血管退行性疾病、神经退行性疾病专利申请量均出现过较快上升的阶段，可见，骨与关节退行性疾病、心血管退行性疾病、神经退行性疾病的防治需求得到了重视，科研水平也得到了长足的发展。骨质疏松和眼退行性疾病的发生往往具有长期性、隐蔽性，因此受到的重视不多，并且相关的科研发展较缓慢。

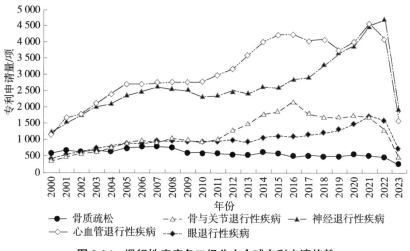

图 3-26　退行性疾病各二级分支全球专利申请趋势

图 3-27 示出骨质疏松各三级分支全球专利申请趋势。从图中可以看出，基础补钙的申请趋势自 2000 年以来基本保持平稳，说明对于基础补钙的认知已比较充分。调节骨代谢的申请趋势呈现波动性上升再波动性下降的趋势，这与调节骨代谢的机制在 2000 年左右已被探明，代表性的单抗类药物和靶向药物的研发存在难度等因素相关。中医药分支 2000—2006 年呈上升趋势，2006—2010 年出现下降，2011—2014 年再次上升，此后逐年下降，2019 年再次回升，中医药理论的现代发展较缓慢，专利申请量受到中药鼓励政策的影响较大。

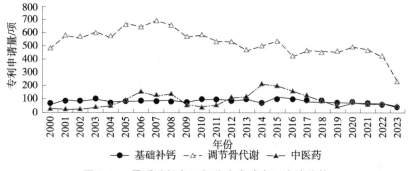

图 3-27　骨质疏松各三级分支全球专利申请趋势

图 3-28 示出神经退行性疾病各三级分支全球专利申请趋势。从图中可以看出，神经退行性疾病三级分支中，生物技术 2000—2012 年保持稳定，2013年小幅下降之后呈现缓慢上升趋势。化学药在 2000—2007 年间快速上升，2008—2011 年出现下滑，2014—2017 年出现小幅波动，自 2018 年再次开始快速增长。中医药分支在 2000—2015 年缓慢上升，此后缓缓下降。诊疗材料和设备在 2000—2017 年基本保持稳定，2018 年开始出现上升态势。神经退行性疾病的发生机制完全明确，公认的机制多以假说为研究基础，研发存在较大难度和争议，导致其专利申请的趋势变化不是十分明显。

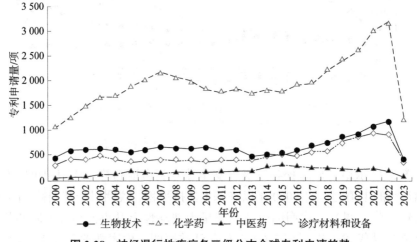

图 3-28　神经退行性疾病各三级分支全球专利申请趋势

图 3-29 示出心血管退行性疾病各三级分支全球专利申请趋势。从图中可以看出，心血管退行性疾病三级分支中，生物技术自 2000—2001 年出现增长之后，至 2011 年始终保持稳定，2012 年出现小幅下降之后，呈现缓慢增长的趋势。化学药在 2007 年之前阶梯式上升，此后至 2011 年阶梯式下降，2012—2019 年基本保持稳定，2020 年开始出现上升态势。中医药在 2000—2005 年出现快速增长，2006—2011 年缓慢下降后保持稳定。2012—2014 年再次出现增长，2015 年之后持续下降。食品保健分支在 2000—2015 年保持稳步增长，2016 年之后逐年下降。诊疗材料和设备在 2000—2017 年缓慢稳步增长，2018—2021 年呈现快速增长态势。在过去 20 年里，不少心血管疾病药物取得很大进展，心血管退行性疾病的专利申请趋势相较于其他领域的波动较大，随着早期的专利申请到期，激发了原创新主体的二次开发，同时也促进了对于新技术和新靶点的研发热情。

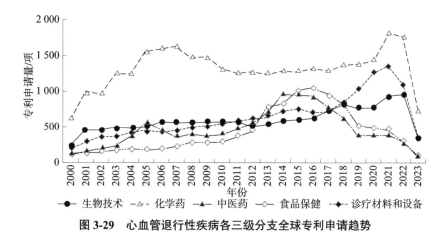

图 3-29　心血管退行性疾病各三级分支全球专利申请趋势

3.4.2　中国专利布局重点及热点

3.4.2.1　中国各分支专利申请量

表 3-7 列出退行性疾病二级分支中国专利申请量。图 3-30 示出退行性疾病产业中国各二级分支专利申请量占比。

如表 3-7 和图 3-30 所示，中国退行性疾病专利申请中，心血管退行性疾病专利申请量最大，为 40 485 项，占比 38.7%；骨与关节退行性疾病专利申请量位列第二，为 23 188 项，占比 22.1%；神经退行性疾病专利申请量位列第三，为 22 927 项，占比 21.9%；眼退行性疾病专利申请量排名第四，为 12 296 项，占比为 11.7%；骨质疏松专利申请量最少，为 5 824 项，占比5.6%。

与全球申请量分布不同的是，中国骨与关节退行性疾病的专利申请数量多于神经退行性疾病的专利申请数量，这反映出中国在这两者科研水平和热度上的差别，我国应当增强对于神经退行性疾病的相关科研创新。

表 3-7　退行性疾病二级分支中国专利中请量

一级分支	二级分支	专利申请量 / 项
退行性疾病	骨质疏松	5 824
	骨与关节退行性疾病	23 188
	神经退行性疾病	22 927
	心血管退行性疾病	40 485
	眼退行性疾病	12 296

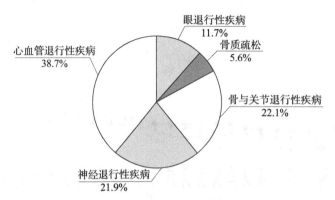

图 3-30　退行性疾病产业二级分支中国专利申请量占比

表 3-8 列出骨质疏松各三级技术分支的专利申请量。图 3-31 示出骨质疏松各三级技术分支专利申请量占比。

如表 3-8 和图 3-31 所示，骨质疏松各三级分支中，调节骨代谢专利申请量最多，为 4 959 项，占比 62.2%；其次是中医药分支，专利申请量为 1 870 项，占比 23.4%；基础补钙分支的专利申请量最少，为 1 150 项，占比 14.4%。

与全球分布相比，中医药的占比显著增加，体现了我国传统医学特色。其次是基础补钙占比增加，调节骨代谢占比下降，表明在防止骨质疏松的科研创新中，我国关于代谢机理的研究落后于世界水平，应当加以重视。

表 3-8　骨质疏松各三级分支中国专利申请量

二级分支	三级分支	专利申请量 / 项
骨质疏松	基础补钙	1 150
	调节骨代谢	4 959
	中医药	1 870

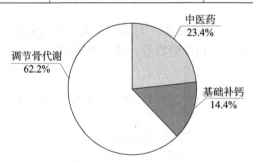

图 3-31　骨质疏松各三级分支中国专利申请量占比

表 3-9 列出神经退行性疾病各三级分支的中国专利申请量。图 3-32 示出神经退行性疾病各三级技术分支专利申请量占比。

如表 3-9 和图 3-32 所示，神经退行性疾病各三级分支中，化学药专利申请量最多，为 20 166 项，占比 64.6%；生物技术位列第二，专利申请量为 4 457 项，占比 14.3%；诊疗材料和设备排第三名，专利申请量为 3 949 项，占比 12.7%；中医药分支专利申请量最少，为 2 630 项，占比 8.4%。

与全球分布相比，中国化学药分支和中医药分支的占比均有提高，而生物技术、诊疗材料和设备的占比均有下降。这表明我国在生物领域以及相关诊疗材料和设备方面需要增强研发。

表 3-9　神经退行性疾病各三级分支中国专利申请量

三级分支	专利申请量 / 项
生物技术	4 457
化学药	20 166
中医药	2 630
诊疗材料和设备	3 949

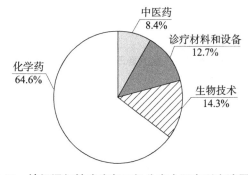

图 3-32　神经退行性疾病各三级分支中国专利申请量占比

表 3-10 示出心血管退行性疾病各三级分支的中国专利申请量。图 3-33 示出心血管退行性疾病各三级分支中国专利申请量占比。

如表 3-10 和图 3-33 所示，心血管退行性疾病各三级分支中，化学药专利申请量最多，为 14 211 项，占比 31.7%；第二名为中医药分支，专利申请量为 9 796 项，占比 21.8%；第三名为食品保健分支，为 8 470 项，占比为 18.9%；第四名为诊疗材料和设备，为 6 818 项，占比 15.2%；第五名为生物技术，为 5 592 项，占比为 12.5%。

与全球分布相比，我国中医药、食品保健的占比大幅提升，化学药、生物技术、诊疗材料和设备的占比均不同程度下降，以生物技术下降最多。这表明，心血管退行性疾病研发中，传统医药特色较浓，生物技术的研发水平亟待提升。

表 3-10　心血管退行性疾病各三级分支中国专利申请量

二级分支	三级分支	专利申请量 / 项
心血管退行性疾病	生物技术	5 592
	化学药	14 211
	中医药	9 796
	食品保健	8 470
	诊疗材料和设备	6 818

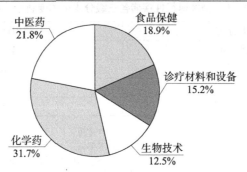

图 3-33　心血管退行性疾病各三级分支中国专利申请量占比

3.4.2.2　中国各分支申请趋势

图 3-34 示出中国退行性疾病各二级分支的中国专利申请趋势。从图中可以看出，中国骨质疏松分支申请自 2000—2008 年为低速增长，2009 年出现小幅下降，2010—2015 年低速回升，此后保持平稳略有下降趋势。骨与关节退行性疾病在 2000—2016 年稳步增长，2016 年之后呈下降趋势。神经退行性疾病在 2000—2007 年呈较快增长态势，2008—2013 年保持稳定，2014—2021年呈快速增长态势。心血管退行性疾病在 2000—2005 年快速增长，2006 年出现下降，之后至 2009 年保持稳定，2010—2015 年再次快速增长，2016 年之后缓慢下降，2019—2021 年再次回升。眼退行性疾病在 2000—2021 年保持低速稳步增长态势。从专利申请量看，中国退行性疾病各分支呈现逐年上升的趋势，表明在老龄化日益加剧的冲击下，在退行性疾病发病机制不断被发现的情况下，中国退行性疾病的研发热度有了较大的提升，尤其是"十四五"规划出台后，对于退行性疾病的政策导向更加明确，专利申请量将会持续增加。

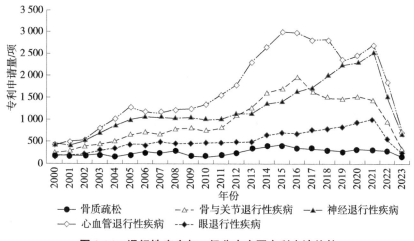

图 3-34　退行性疾病各二级分支中国专利申请趋势

图 3-35 示出骨质疏松各三级分支中国专利申请趋势。从图中可以看出，基础补钙分支在 2000—2015 年波动性增长，2016 年至今呈缓慢下降趋势。调节骨代谢分支在 2000—2008 年略有波动，2009—2010 年小幅下降，此后至 2014 年快速增长，2015 年至今波动性下降。中医药分支在 2000—2005 年快速增长，2006—2008 年略有波动，2009—2010 年快速下降，此后再次上涨，至 2014 年达到峰值，2015—2019 年呈下降态势，此后小幅上升。从整体趋势上看，基础补钙趋势最平稳，与全球趋势相似，但是我国趋势中存在比较明显的上升过程，表明我国对于基础补钙防治骨质疏松的认知略晚，但已逐步普及。调节骨代谢和中医药的波动趋势类似，可能是由于中国专利申请受到政策因素影响较大造成的。

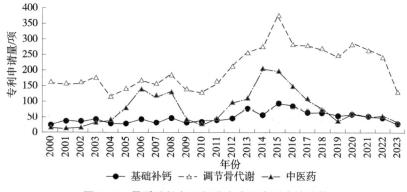

图 3-35　骨质疏松各三级分支中国专利申请趋势

图 3-36 示出神经退行性疾病各三级分支中国专利申请趋势。从图中可

以看出，神经退行性疾病各分支中，生物技术自 2000—2012 年保持稳定，2013—2014 年略有下降，此后缓步上升。化学药自 2000—2006 年呈快速上升趋势，2007—2011 年出现下浮下降，2012—2015 年保持稳定，2016 年之后再次上升。中医药分支在 2000—2015 年缓慢上升，2016 年之后缓慢下降。诊疗材料和设备在 2000—2018 年基本保持稳定，此后略有上升。从整体趋势上看，中医药的申请趋势最稳定，这与中医传统理论在神经退行性疾病方面的相关基础较薄弱、机制研究存在难度有关。值得关注的是，生物技术分支在 2014 年之后呈现上升的趋势，表明我国神经退行性疾病的生物技术研究并非原地踏步，而在逐步提升。

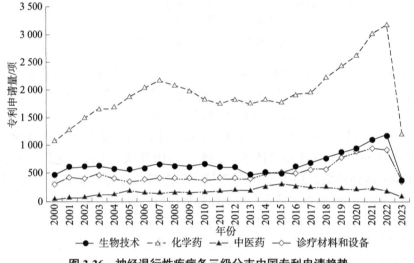

图 3-36　神经退行性疾病各三级分支中国专利申请趋势

图 3-37 示出心血管退行性疾病各三级分支中国专利申请趋势。从图中可以看出，心血管退行性疾病各三级分支中，生物技术分支在 2000—2017 年呈现上升趋势，2018—2019 年略有下降，此后小幅回升。化学药在 2000—2005 年快速增长，2006—2008 年阶梯式下降，此后至 2015 年呈现上升态势，2016 年之后基本保持稳定。中医药在 2004—2005 年快速增长，2006—2007 年快速回落，2009—2013 年再次快速增长，2014 年之后呈现下降态势。食品保健分支自 2000—2010 年呈现平稳增长的态势，2011—2016 年快速增长，此后大幅下降。诊疗材料和设备在 2000—2015 年缓坡式增长，2015—2016 年略有下降，2017—2021 年再次回升。从整体趋势上看，值得关注的是，食品保健分支，在 2016 年之后呈现出较明显的下降趋势，这与食品安全法关于食品、保健食品原料及功效的规定相关，食品安全是制约食品保健分支在疾病治疗方

面的应用的重要因素。

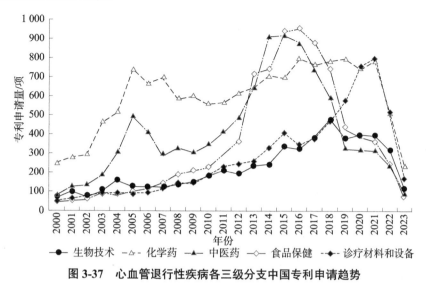

图 3-37　心血管退行性疾病各三级分支中国专利申请趋势

3.4.3　天津市专利布局重点及热点

3.4.3.1　天津市各分支申请量

表 3-11 列出退行性疾病产业天津市各二级分支专利申请量。图 3-38 示出退行性疾病产业天津市各二级分支专利申请量占比。

如表 3-11 和图 3-38 所示，天津市退行性疾病各二级分支中，心血管退行性疾病专利申请量最多，为 968 项，占比 54.7%；骨与关节退行性疾病排名第二，为 320 项，占比 18.1%；神经退行性疾病排名第三，为 246 项，占比 13.9%；眼退行性疾病排名第四，为 142 项，占比 8.0%；骨质疏松排名第五，为 95 项，占比 5.4%。

表 3-11　退行性疾病产业天津市各二级分支专利申请量

一级分支	二级分支	专利申请量 / 项
退行性疾病	骨质疏松	95
	骨与关节退行性疾病	320
	神经退行性疾病	246
	心血管退行性疾病	968
	眼退行性疾病	142

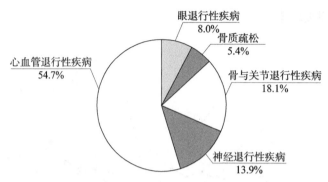

图 3-38　退行性疾病产业天津市二级分支专利申请量占比

与全国分布相比，天津市心血管退行性疾病的占比更加突出，体现了天津市在心血管领域的创新优势，在保持传统领域优势的情况下，应当提高对于退行性疾病各个领域分支社会需求的关注，做好各领域的专利布局。

表 3-12 列出骨质疏松各三级技术分支天津市的专利申请量。图 3-39 示出骨质疏松各三级技术分支天津市专利申请量占比。

如表 3-12 和图 3-39 所示，骨质疏松各三级分支中，调节骨代谢的专利申请量最多，为 82 项，占比 58.6%；中医药排名第二，为 32 项，占比 22.8%；基础补钙排名第三，为 26 项，占比 18.6%。

与全国分布相比，天津市骨质疏松各三级分支中，中医药占比增加，体现了天津市的科技研发现状。

表 3-12　骨质疏松各三级分支天津市专利申请量

二级分支	三级分支	专利申请量 / 项
骨质疏松	基础补钙	26
	调节骨代谢	82
	中医药	32

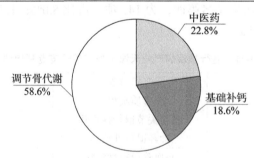

图 3-39　骨质疏松各三级分支天津市专利申请量占比

表 3-13 列出神经退行性疾病各三级技术分支天津市的专利申请量。图 3-40 示出骨质疏松各三级技术分支天津市专利申请量占比。

如表 3-13 和图 3-40 所示，神经退行性疾病各分支中，化学药专利申请量最多，为 153 项，占比 52.4%；第二名是诊疗材料和设备，为 72 项，占比 24.7%；第三名是中医药，为 40 项，占比为 13.7%；第四名是生物技术，为 27 项，占比为 9.2%。

与中国分布相比，在神经退行性疾病方面，诊疗材料和设备、中医药分支的占比有所提升，这表明天津市在医疗器械、中医药方面高于全国平均水平，是产业重点。

表 3-13 神经退行性疾病各三级分支天津市专利申请量

二级分支	三级分支	专利申请量 / 项
神经退行性疾病	生物技术	27
	化学药	153
	中医药	40
	诊疗材料和设备	72

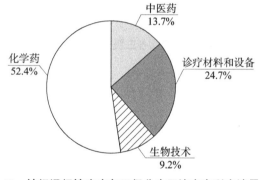

图 3-40 神经退行性疾病各三级分支天津市专利申请量占比

表 3-14 列出心血管退行性疾病各三级分支的天津市专利申请量。图 3-41 示出骨质疏松各三级技术分支天津市专利申请量占比。

如表 3-14 和图 3-41 所示，心血管退行性疾病各三级分支中，专利申请量第一名是中医药，为 381 项，占比 35.4%；第二名是化学药，为 311 项，占比 28.9%；第三名是食品保健，为 164 项，占比 15.2%；第四名是诊疗材料和设备，为 163 项，占比 15.1%；第五名是生物技术，为 58 项，占比 5.4%。

与全国分布相比，天津市生物技术占比下降最突出，暴露了天津市在生物技术领域科研薄弱，亟待加强。

表 3-14　心血管退行性疾病各三级分支天津市专利申请量

二级分支	三级分支	专利申请量 / 项
心血管退行性疾病	生物技术	58
	化学药	311
	中医药	381
	食品保健	164
	诊疗材料和设备	163

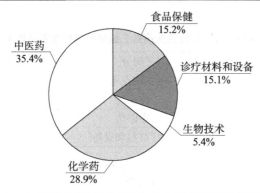

图 3-41　心血管退行性疾病各三级分支天津市专利申请量占比

3.4.3.2　天津市各分支申请趋势

图 3-42 示出退行性疾病各二级分支的天津市专利申请趋势。从图中可以看出，骨质疏松分支在 2000—2015 年波动性上升，2016—2000 年波动性下降，此后略有上升。骨与关节退行性疾病在 2000—2008 年、2009—2013 年、2014—2016 年分别先上升后下降，此后持续下降。神经退行性疾病在 2000—2009 年保持上升趋势，2010—2014 年经历下降后再次增长的态势，此后持续上升。心血管退行性疾病 2000—2003 年快速增长，2003—2006 年下降后再次增长，2006—2007 年快速下降，此后至 2012 年波动性上升，2012—2013 年略有下降，2014 之后持续下降。眼退行性疾病 2000—2011 年稳步上升，2012 年之后波动性上升。从整体趋势上看，神经退行性疾病和眼退行性疾病的专利申请量呈现波动中上升的趋势，释放了天津市对于上述两个领域研发实力有所增强的信号，对于退行性疾病产业存在利好。

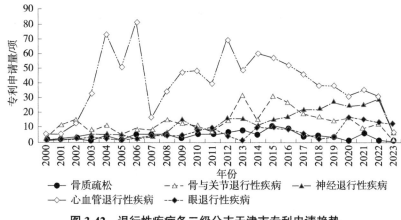

图 3-42　退行性疾病各二级分支天津市专利申请趋势

图 3-43 示出骨质疏松退行性疾病各三级分支天津市专利申请趋势。从图中可以看出，骨质疏松各三级分支的专利申请波动较大，基础补钙的专利申请量较小，难以区分其具体趋势。调节骨代谢和中医药两个分支基本上在2015—2016 年达到最大值。

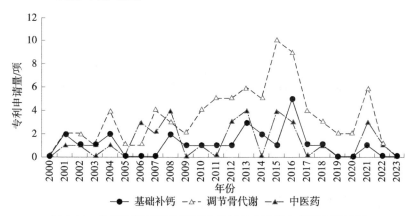

图 3-43　骨质疏松退行性疾病各三级分支天津市专利申请趋势

图 3-44 示出神经退行性疾病各三级分支天津市专利申请趋势。从图中可以看出，神经退行性疾病各三级分支的专利申请波动较大，但是总体趋势体现出在波动中保持增长的态势。

图 3-45 示出心血管行性疾病各三级分支天津市专利申请趋势。从图中可以看出，心血管退行性疾病各三级分支的专利申请波动较大，这可能与分析数据量较少有关。化学药、中医药在 2000—2006 年保持增长，之后波动性下降。食品保健在 2000—2016 年保持波动中增长，此后波动性下降。诊疗材料和设

备在 2000—2014 年波动中增长，此后基本保持稳定。

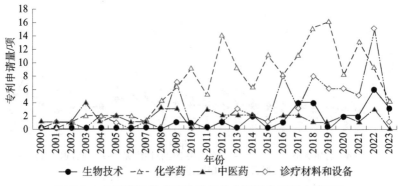

图 3-44　神经退行性疾病各三级分支天津市专利申请趋势

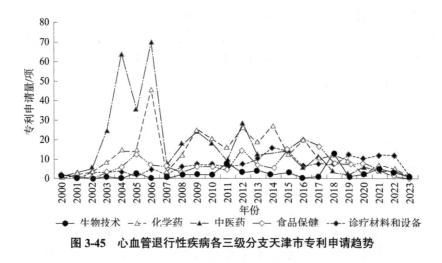

图 3-45　心血管退行性疾病各三级分支天津市专利申请趋势

3.4.3.3　天津市专利布局和国内外的差异对比分析

表 3-15 列出全球、全国、天津市各二级分支的专利申请分布情况。从表中可以看出，天津市在心血管退行性疾病分支的专利申请占比最为突出，表明天津市在心血管领域的研发、产业基础深厚，专利布局最多。其次是在骨与关节退行性疾病方面，占比超过全球分布，略低于全国分布，在该领域的科技创新不容小觑。然而，在神经退行性疾病和眼退行性疾病两个分支方面占比均低于全球分布和全国分布，尤其是在神经退行性疾病领域占比不足全球分布的二分之一，说明在神经退行性疾病方面的创新基础相当薄弱，亟须提供相关政策倾斜，引导良性发展。

表 3-15　退行性疾病天津市专利布局和国内外的布局

二级分支	专利申请量占比 /%		
	全球	全国	天津市
骨质疏松	6.8	5.6	5.4
骨与关节退行性疾病	13.7	22.1	18.1
神经退行性疾病	32.4	21.9	13.9
心血管退行性疾病	35.6	38.7	54.7
眼退行性疾病	11.6	11.7	8.0

3.5　专利运用情况分析

3.5.1　全球、中国以及天津市专利运用情况分析

对全球、中国以及天津市专利申请运用情况进行统计，见表 3-16。

从专利运用情况可以看出，转让、质押、许可是全球、中国以及天津市退行性疾病产业专利的主要运用方式。

从统计的各专利运用情况合计占比数据看，全球的专利运用比例高于中国，天津市的专利运用比例低于全国的平均利用比例。这说明我国退行性疾病产业专利申请的运用水平与国际水平存在一定的差距，我国尤其是天津市应当注重提高专利质量，避免单纯追求专利申请数量，对于切实产业价值的技术，关注产权成果的转化和落地，重视学产研深度结合。

表 3-16　退行性疾病产业专利申请运用情况

统计范围	转让 / 项	质押 / 项	许可 / 项	诉讼 / 项	无效 / 项	合计 / 项	专利申请总量 / 项	合计占比 /%
全球	12 883	1 307	1 701	164	263	16 318	170 268	9.6
中国	6 784	378	535	126	109	7 932	96 642	8.2
天津市	86	3	8	1	0	98	1 720	5.7

3.5.2　中国退行性疾病各技术分支运用情况

对中国退行性疾病各技术分支专利的运用情况进行统计，见表 3-17。

从中国退行性疾病各技术分支的运用情况可以看出，心血管退行性疾

的权利转移数量最多，其次依次是神经退行性疾病、骨与关节退行性疾病、眼退行性疾病和骨质疏松，这与各技术分支的专利申请量排名保持一致。

从各分支占比可以看出，骨质疏松的专利运用率最高，占骨质疏松总专利申请量的 9.9%，之后依次是骨与关节退行性疾病，专利运用率为 5.8%，心血管退行性疾病的专利运用率为 4.8%，眼退行性疾病的专利运用率为 4.8%，神经退行性疾病的专利运用率最低，为 3.8%。上述数据表明，尽管骨质疏松专利申请量相对较少，但是产业转化运用率较高。骨与关节退行性疾病、心血管退行性疾病、眼退行性疾病的产业运用需要得到关注。神经退行性疾病产业需要提升专利申请质量和数量，增强转化效率。

表 3-17　中国退行性疾病产业专利运用情况

技术分支	转让/项	质押/项	许可/项	诉讼/项	无效/项	合计/项	申请总量/项	合计占比/%
骨质疏松	470	36	48	15	7	576	5 824	9.9
骨与关节退行性疾病	1 403	75	104	31	17	1 630	28 332	5.8
神经退行性疾病	2 242	82	148	30	25	2 527	67 279	3.8
心血管退行性疾病	2 986	206	244	62	63	3 561	73 843	4.8
眼退行性疾病	1 024	32	75	17	14	1 162	23 962	4.8

3.6　新进入者专利布局分析

新进入者表明了在该领域的新型竞争。与此同时，这些新兴公司可以被视为潜在的收购或合作机会。

新进入者定义：仅在过去 5 年内才提交专利申请的申请人。

3.6.1　全球新进入者专利布局情况分析

统计全球各二级分支新进入者情况，具体见表 3-18 ～表 3-22。

表 3-18 列出了骨质疏松全球新进入者，雀巢制品股份有限公司、全南大学校产学协力团、阿塞勒隆制药公司在 2021—2023 年均有申请，而檀国大学天安校区产学合作团和美国琛蓝营养制品股份有限公司 2021—2023 年没有申请，雀巢制品股份有限公司、全南大学校产学协力团、阿塞勒隆制药公司近年来活跃程度更高。

表 3-18　骨质疏松全球新进入者　　　　　　　　　　单位：项

专利申请人	2019	2020	2021	2022	2023	技术分支
雀巢制品股份有限公司	4	3	0	0	4	骨质疏松 - 调节骨代谢
全南大学校产学协力团	0	6	0	2	0	骨质疏松 - 调节骨代谢
阿塞勒隆制药公司	0	2	3	2	1	骨质疏松 - 调节骨代谢
檀国大学天安校区产学合作团	0	3	0	0	0	骨质疏松 - 调节骨代谢
美国琛蓝营养制品股份有限公司	0	3	0	0	0	骨质疏松 - 中医药

　　表 3-19 列出了骨与关节退行性疾病全球新进入者，可以看出，该技术分支的新进入者较少，尤其是凯托利皮克斯治疗有限责任公司 2020—2023 年没有申请，表明该领域近年来的创新活度较低，也侧面反映出该领域技术研究较为完善或需要寻求新的突破口。

表 3-19　骨与关节退行性疾病全球新进入者　　　　　单位：项

专利申请人	2019	2020	2021	2022	2023	技术分支
凯托利皮克斯治疗有限责任公司	10	0	0	0	0	神经退行性疾病
里格尔药品股份有限公司	0	2	0	3	3	神经退行性疾病

　　表 3-20 列出了神经退行性疾病全球新进入者，相较于骨与关节退行性疾病的新进入者，神经退行性疾病新进入者较多，尤其是 2021—2023 年有专利申请的申请人较多，表明该领域技术研究非常活跃。

表 3-20　神经退行性疾病全球新进入者　　　　　　　单位：项

专利申请人	2019	2020	2021	2022	2023	技术分支
罗切斯特大学	4	0	0	8	1	神经退行性疾病 - 生物技术
世代生物公司	4	3	2	3	1	神经退行性疾病 - 生物技术
BIORCHESTRA CO LTD	0	4	5	0	0	神经退行性疾病 - 生物技术
希望之城	6	1	2	0	0	神经退行性疾病 - 生物技术
匹兹堡大学	0	2	4	0	1	神经退行性疾病 - 生物技术
CS MEDICA AS	0	0	0	3	0	神经退行性疾病 - 中医药
奇华顿股份有限公司	0	1	1	1	0	神经退行性疾病 - 中医药
特拉维夫大学拉莫特有限公司	0	3	0	5	2	神经退行性疾病 - 诊疗材料和设备
卡拉健康公司	1	0	0	4	0	神经退行性疾病 - 诊疗材料和设备
俄亥俄州国家创新基金会	0	1	2	0	0	神经退行性疾病 - 诊疗材料和设备

　　表 3-21 列出了心血管退行性疾病全球新进入者，可以看出，心血管退行

性疾病的研究活跃程度略逊于神经退行性疾病，但是较骨与关节退行性疾病更为活跃。

表3-21　心血管退行性疾病全球新进入者　　　　　　　　单位：项

专利申请人	2019	2020	2021	2022	2023	技术分支
克里斯珀医疗股份公司	0	4	4	0	0	心血管退行性疾病－生物技术
圣路易斯华盛顿大学	0	0	0	5	1	心血管退行性疾病－生物技术
康奈尔大学	1	0	0	0	2	心血管退行性疾病－生物技术
赛特凯恩蒂克公司	5	0	6	8	3	心血管退行性疾病－化学药
赢创运营有限公司（德国）	0	3	3	0	0	心血管退行性疾病－中医药
V-波有限责任公司	0	2	2	3	3	心血管退行性疾病－诊疗材料和设备
贝克顿迪金森有限公司	2	0	3	0	0	心血管退行性疾病－诊疗材料和设备
凡德比特大学	1	0	3	1	0	心血管退行性疾病－诊疗材料和设备
凯斯西储大学	0	2	0	1	0	心血管退行性疾病－诊疗材料和设备

表3-22列出了眼退行性疾病全球新进入者，可以看出，2019—2023年的新进入者仅有锐进科斯生物股份有限公司，相关领域的研究应当重点关注该企业。

表3-22　眼退行性疾病全球新进入者　　　　　　　　单位：项

申请人	2019	2020	2021	2022	2023	技术分支
锐进科斯生物股份有限公司	0	3	5	3	6	眼退行性疾病

3.6.2　中国新进入者专利布局

统计中国各二级分支新进入者情况，具体见表3-23～表3-27。

表3-23列出了骨质疏松中国新进入者，可以看出，在基础补钙方面的新进入者最少，调节骨代谢和中医药方面的新进入者较多，且大学、医院作为专利申请人较多。

表 3-23　骨质疏松中国新进入者　　　　　　　　单位：项

专利申请人	2019	2020	2021	2022	2023	技术分支
山东润德生物科技有限公司	1	1	1	0	1	骨质疏松－基础补钙
山东新时代药业有限公司	0	1	1	1	0	骨质疏松－基础补钙
华南农业大学	0	0	3	0	0	骨质疏松－基础补钙
北京朗迪制药有限公司	0	0	0	2	1	骨质疏松－基础补钙
重庆第二师范学院	0	0	0	3	0	骨质疏松－基础补钙
爱希（北京）国际咨询有限公司	0	2	0	0	0	骨质疏松－基础补钙
湖南华纳大药厂股份有限公司	1	1	0	0	0	骨质疏松－基础补钙
中国人民解放军军事科学院军事医学研究院	1	1	5	2	2	骨质疏松－调节骨代谢
汤臣倍健股份有限公司	0	1	2	5	0	骨质疏松－调节骨代谢
浙江大学医学院附属邵逸夫医院	0	1	2	4	1	骨质疏松－调节骨代谢
江南大学	0	2	2	4	0	骨质疏松－调节骨代谢
北京大学口腔医学院	0	0	4	3	0	骨质疏松－调节骨代谢
上海大学	0	2	2	3	0	骨质疏松－调节骨代谢
中山大学附属第八医院	0	0	2	2	1	骨质疏松－调节骨代谢
广州中医药大学第三附属医院	0	2	2	1	0	骨质疏松－调节骨代谢
上海交通大学医学院附属第九人民医院	0	0	4	0	0	骨质疏松－调节骨代谢
重庆医科大学	0	0	0	3	1	骨质疏松－调节骨代谢
云南中医药大学	0	0	0	1	3	骨质疏松－中医药
北京中医药大学	0	0	2	2	0	骨质疏松－中医药
江西普正制药股份有限公司	0	2	1	1	0	骨质疏松－中医药
浙江中医药大学附属第二医院	0	1	2	0	0	骨质疏松－中医药
广州中医药大学第三附属医院	0	1	1	1	0	骨质疏松－中医药
上海中医药大学附属岳阳中西医结合医院	0	1	0	1	0	骨质疏松－中医药
常州市武进中医医院	0	0	1	0	1	骨质疏松－中医药

　　表 3-24 列出了骨与关节退行性疾病中国新进入者，可以看出，新进入者中医院作为专利申请人占比较高。

表 3-24　骨与关节退行性疾病中国新进入者　　　　　　　　单位：项

专利申请人	2019	2020	2021	2022	2023	技术分支
上海交通大学医学院附属第九人民医院	6	1	3	4	2	骨与关节退行性疾病
黑龙江飞鹤乳业有限公司	0	0	2	7	3	骨与关节退行性疾病
江苏先声药业有限公司	0	0	1	9	0	骨与关节退行性疾病
中国人民解放军总医院第二医学中心	0	1	3	3	2	骨与关节退行性疾病
云南省中医医院	0	0	1	8	0	骨与关节退行性疾病
河北医科大学第三医院	0	5	2	0	0	骨与关节退行性疾病

表 3-25 列出了神经退行性疾病中国新进入者，可以看出，新进入者中生物技术的专利申请人最多，表明我国神经退行性疾病的生物技术分支创新最活跃。

表 3-25　神经退行性疾病中国新进入者　　　　　　　　单位：项

专利申请人	2019	2020	2021	2022	2023	技术分支
北京干细胞与再生医学研究院	0	3	2	6	2	神经退行性疾病－生物技术
百奥赛图（北京）医药科技股份有限公司	1	2	4	4	1	神经退行性疾病－生物技术
南通大学	2	2	4	4	0	神经退行性疾病－生物技术
四川大学华西医院	0	3	1	4	0	神经退行性疾病－生物技术
江南大学	5	0	1	2	0	神经退行性疾病－生物技术
河北医科大学第二医院	0	0	5	0	2	神经退行性疾病－生物技术
南京启真基因工程有限公司	0	0	4	1	0	神经退行性疾病－生物技术
首都医科大学附属北京天坛医院	0	1	1	1	2	神经退行性疾病－生物技术
塑造治疗公司	0	1	4	0	0	神经退行性疾病－生物技术
成都康弘生物科技有限公司	0	0	2	3	0	神经退行性疾病－生物技术
呈诺再生医学科技（珠海横琴新区）有限公司	0	0	3	2	0	神经退行性疾病－生物技术
四川大学华西医院	0	11	0	3	2	神经退行性疾病－化学药

专利申请人	2019	2020	2021	2022	2023	技术分支
江苏恩华药业股份有限公司	0	1	3	11	0	神经退行性疾病 – 化学药
香港大学	1	0	2	1	0	神经退行性疾病 – 中医药
北京中医药大学	0	1	3	1	0	神经退行性疾病 – 中医药
昆明医科大学	5	1	1	0	0	神经退行性疾病 – 中医药
吉林大学珠海学院	1	2	0	0	0	神经退行性疾病 – 中医药
南京艾德凯腾生物医药 有限责任公司	0	0	3	0	0	神经退行性疾病 – 中医药
武汉天德生物科技有限公司	0	0	0	0	3	神经退行性疾病 – 中医药
西南医科大学	0	1	0	1	1	神经退行性疾病 – 中医药
江西中医药大学	4	0	0	0	0	神经退行性疾病 – 中医药
上海丽天药业有限公司	0	17	2	0	0	神经退行性疾病 – 诊疗材料和设备
苏州景昱医疗器械有限公司	0	0	2	8	0	神经退行性疾病 – 诊疗材料和设备
重庆大学	1	3	0	5	0	神经退行性疾病 – 诊疗材料和设备
中国科学技术大学	0	1	4	3	1	神经退行性疾病 – 诊疗材料和设备
湖南师范大学	0	0	0	8	0	神经退行性疾病 – 诊疗材料和设备
南京脑科医院	1	4	2	0	0	神经退行性疾病 – 诊疗材料和设备
电子科技大学	1	1	3	1	0	神经退行性疾病 – 诊疗材料和设备
广东工业大学	0	1	1	0	4	神经退行性疾病 – 诊疗材料和设备
河北医科大学第二医院	0	0	4	2	0	神经退行性疾病 – 诊疗材料和设备
深圳大学	0	2	2	0	0	神经退行性疾病 – 诊疗材料和设备
中国科学院深圳先进技术研究院	0	2	6	0	0	神经退行性疾病 – 诊疗材料和设备

表 3-26 列出了心血管退行性疾病中国新进入者，可以看出，该技术分支的新进入者较多，其中，百世诺（北京）医疗科技有限公司专利申请量最多，生物技术方面，2022 年专利申请量为 33 项，应关注该企业的相关申请。

表 3-26　心血管退行性疾病中国新进入者　　　　单位：项

专利申请人	2019	2020	2021	2022	2023	技术分支
百世诺（北京）医疗科技有限公司	1	1	5	33	0	心血管退行性疾病－生物技术
成都奥达生物科技有限公司	1	5	3	1	1	心血管退行性疾病－生物技术
中国人民解放军军事科学院军事医学研究院	3	0	4	3	0	心血管退行性疾病－生物技术
百世诺（北京）医学检验实验室有限公司	0	2	6	0	0	心血管退行性疾病－生物技术
忻佑康医药科技（南京）有限公司	0	8	0	0	0	心血管退行性疾病－生物技术
华中科技大学同济医学院附属协和医院	0	0	5	0	2	心血管退行性疾病－生物技术
山东第一医科大学第二附属医院	0	0	6	1	0	心血管退行性疾病－生物技术
知心智能（北京）医疗科技有限公司	0	0	0	5	0	心血管退行性疾病－生物技术
上海市肺科医院	0	0	2	0	1	心血管退行性疾病－生物技术
首都医科大学附属北京朝阳医院	0	0	1	0	1	心血管退行性疾病－生物技术
百世诺（北京）医疗科技有限公司	0	0	0	17	0	心血管退行性疾病－化学药
上海大学	1	2	0	8	2	心血管退行性疾病－化学药
福建中医药大学	4	3	1	2	2	心血管退行性疾病－化学药
忻佑康医药科技（南京）有限公司	0	12	0	0	0	心血管退行性疾病－化学药
成都奥达生物科技有限公司	1	5	3	1	1	心血管退行性疾病－化学药
华东理工大学	0	2	0	1	0	心血管退行性疾病－化学药
中国中医科学院西苑医院	0	3	1	1	2	心血管退行性疾病－中医药
山东新时代药业有限公司	0	0	5	0	0	心血管退行性疾病－中医药
江苏苏中药业研究院有限公司	0	5	0	0	0	心血管退行性疾病－中医药
苏中药业集团股份有限公司	0	5	0	0	0	心血管退行性疾病－中医药
厦门医学院	5	0	0	0	0	心血管退行性疾病－中医药
汪盛华	0	0	4	0	0	心血管退行性疾病－中医药

专利申请人	2019	2020	2021	2022	2023	技术分支
陕西中医药大学	0	0	0	3	0	心血管退行性疾病－中医药
中南民族大学	1	0	0	1	0	心血管退行性疾病－中医药
西昌航飞苦荞科技发展有限公司	0	0	0	4	4	心血管退行性疾病－食品保健
西昌学院	0	0	0	4	4	心血管退行性疾病－食品保健
中国科学院西北高原生物研究所	3	5	0	0	0	心血管退行性疾病－食品保健
汪盛华	0	0	6	1	0	心血管退行性疾病－食品保健
南昌大学	0	0	4	1	0	心血管退行性疾病－食品保健
成都大学	0	1	0	4	0	心血管退行性疾病－食品保健
江苏修身生物科技有限公司	0	5	0	0	0	心血管退行性疾病－食品保健
北京工商大学	0	1	0	0	2	心血管退行性疾病－食品保健
中国人民解放军总医院	0	0	1	0	1	心血管退行性疾病－食品保健
四川大学华西医院	5	2	5	2	1	心血管退行性疾病－诊疗材料和设备
郑州大学第一附属医院	1	2	3	5	0	心血管退行性疾病－诊疗材料和设备
清华大学	2	4	0	3	2	心血管退行性疾病－诊疗材料和设备
漯河市第一人民医院	0	6	2	0	0	心血管退行性疾病－诊疗材料和设备
郑州大学第二附属医院	4	0	1	2	0	心血管退行性疾病－诊疗材料和设备
江苏医药职业学院	0	1	0	6	0	心血管退行性疾病－诊疗材料和设备
中国人民解放军总医院第二医学中心	0	0	4	2	0	心血管退行性疾病－诊疗材料和设备
香港心脑血管健康工程研究中心有限公司	0	0	0	4	1	心血管退行性疾病－诊疗材料和设备
南京鼓楼医院	1	1	0	3	0	心血管退行性疾病－诊疗材料和设备

表 3-27 列出了眼退行性疾病中国新进入者，可以看出，该分支的新进入者以院校 / 研究所申请人为主。同时，作为唯一的企业，武汉纽福斯生物科技有限公司专利申请量较多，2019—2023 年中，有 4 年存在专利申请，其中2020 年专利申请量为 10 项。

表 3-27　眼退行性疾病中国新进入者　　　　单位：项

专利申请人	2019	2020	2021	2022	2023	技术分支
武汉纽福斯生物科技有限公司	2	10	0	1	0	眼退行性疾病
中国人民解放军陆军特色医学中心	0	5	4	0	2	眼退行性疾病
复旦大学	4	0	0	3	1	眼退行性疾病
四川大学华西医院	0	7	0	0	0	眼退行性疾病
中国人民解放军军事科学院军事医学研究院	0	5	1	1	0	眼退行性疾病
中国科学院宁波材料技术与工程研究所	0	2	0	4	0	眼退行性疾病

3.6.3　天津市新进入者专利布局

统计了天津市各二级分支新进入者情况，具体见表 3-28 ～表 3-32。

表 3-28 列出了骨质疏松天津市新进入者，可以看出，调节骨代谢的新进入者最多，表明 2019—2023 年天津市对于骨质疏松机理的相关研究较为活跃。

表 3-28　骨质疏松天津市新进入者　　　　单位：项

专利申请人	2019	2020	2021	2022	2023	技术分支
王朝辉	0	0	1	0	0	骨质疏松 – 基础补钙
王朝辉	0	0	2	0	0	骨质疏松 – 调节骨代谢
天津医科大学朱宪彝纪念医院	0	0	1	0	0	骨质疏松 – 调节骨代谢
河北工业大学	0	1	0	0	0	骨质疏松 – 调节骨代谢
张平	0	1	0	0	0	骨质疏松 – 调节骨代谢
天津药业研究院股份有限公司	0	0	1	0	0	骨质疏松 – 调节骨代谢
金黎华	0	0	1	0	0	骨质疏松 – 调节骨代谢

表 3-29 列出了骨与关节退行性疾病天津市新进入者，可以看出，该技术分支的新进入者中，各类专利申请人均有分布，但是专利申请量均不多。

表 3-29　骨与关节退行性疾病天津市新进入者　　　　单位：项

专利申请人	2019	2020	2021	2022	2023	技术分支
中国人民解放军联勤保障部队第九八三医院	1	1	0	0	0	骨与关节退行性疾病
天津医科大学	0	0	1	1	0	骨与关节退行性疾病
天津理工大学	0	2	0	0	0	骨与关节退行性疾病
天津天柱函金安科技有限公司	0	0	0	2	0	骨与关节退行性疾病
天津明德医疗器械有限公司	0	0	1	1	0	骨与关节退行性疾病
多加多乳业（天津）有限公司	0	1	0	0	0	骨与关节退行性疾病

专利申请人	2019	2020	2021	2022	2023	技术分支
细胞生态海河实验室	0	0	1	0	0	骨与关节退行性疾病
天禾电通（天津）科技有限公司	0	1	0	0	0	骨与关节退行性疾病
张锡林	0	0	0	1	0	骨与关节退行性疾病

表 3-30 列出了神经退行性疾病天津市新进入者，从申请人类型看，新进入者以院校 / 研究所的专利申请人最多。从专利申请量看，新进入者的专利申请量均不多。

表 3-30　神经退行性疾病天津市新进入者　　　　　　　　单位：项

专利申请人	2019	2020	2021	2022	2023	技术分支
新益（天津）生物科技有限责任公司	0	0	0	0	1	神经退行性疾病 - 生物技术
军事科学院军事医学研究院环境医学与作业医学研究所	0	0	0	1	0	神经退行性疾病 - 生物技术
天津旷博同生生物技术有限公司	0	0	0	0	1	神经退行性疾病 - 生物技术
天津市肿瘤医院空港医院	0	0	0	1	0	神经退行性疾病 - 生物技术
天津科技大学	0	1	1	3	0	神经退行性疾病 - 生物技术
天津市康婷生物工程集团有限公司	0	1	0	0	0	神经退行性疾病 - 生物技术
张平	0	0	1	0	0	神经退行性疾病 - 生物技术
天津工业大学	2	1	2	0	0	神经退行性疾病 - 化学药
天津医科大学总医院	0	2	0	0	1	神经退行性疾病 - 化学药
天津医科大学眼科医院	0	0	0	0	1	神经退行性疾病 - 化学药
军事科学院军事医学研究院环境医学与作业医学研究所	0	0	0	1	0	神经退行性疾病 - 化学药
天津旷博同生生物技术有限公司	0	0	0	0	1	神经退行性疾病 - 化学药
天津科技大学	1	0	0	3	0	神经退行性疾病 - 中医药
天津国际生物医药联合研究院有限公司	0	1	0	0	0	神经退行性疾病 - 中医药
南开大学	1	1	0	3	0	神经退行性疾病 - 诊疗材料和设备
河北工业大学	1	1	0	1	0	神经退行性疾病 - 诊疗材料和设备
天津理工大学	0	1	1	0	0	神经退行性疾病 - 诊疗材料和设备
天津市环湖医院	0	0	0	2	0	神经退行性疾病 - 诊疗材料和设备
天津医科大学	0	0	1	0	0	神经退行性疾病 - 诊疗材料和设备

续表

专利申请人	2019	2020	2021	2022	2023	技术分支
天津旷博同生生物技术有限公司	0	0	0	0	1	神经退行性疾病－诊疗材料和设备
谱宁医学科技（天津）有限责任公司	0	0	0	1	0	神经退行性疾病－诊疗材料和设备
裴之秀	0	0	1	0	0	神经退行性疾病－诊疗材料和设备

表3-31列出了心血管退行性疾病天津市新进入者，从专利申请人数量看，心血管退行性疾病的新进入者相较于其他技术分支的专利申请人而言更多，体现了天津市在心血管方面的技术优势。从专利申请量看，单个新进入者的专利申请量并不多。

表3-31　心血管退行性疾病天津市新进入者　　　　　单位：项

专利申请人	2019	2020	2021	2022	2023	技术分支
天津科技大学	0	1	0	1	0	心血管退行性疾病－生物技术
天津诺迈科技有限公司	0	0	0	1	0	心血管退行性疾病－生物技术
天津市肿瘤医院	0	0	0	1	0	心血管退行性疾病－生物技术
天津赛尔康生物医药科技有限公司	0	1	0	0	0	心血管退行性疾病－生物技术
军事科学院军事医学研究院环境医学与作业医学研究所	0	0	1	0	0	心血管退行性疾病－生物技术
天津中医药大学	0	0	1	0	0	心血管退行性疾病－生物技术
天津市胸科医院	0	0	1	0	0	心血管退行性疾病－生物技术
天津奇云诺德生物医学有限公司	0	0	1	0	0	心血管退行性疾病－化学药
天津泰普制药有限公司	0	1	0	0	0	心血管退行性疾病－化学药
天津欣满和生物科技有限公司	0	0	0	1	0	心血管退行性疾病－化学药
北京睿创康泰医药研究院有限公司	0	0	0	1	0	心血管退行性疾病－化学药
天津中医药大学第一附属医院	0	1	0	0	1	心血管退行性疾病－中医药
天津益倍元天然产物技术有限公司	0	1	0	0	0	心血管退行性疾病－中医药
中科爱伽（天津）医用食品有限公司	0	1	0	0	0	心血管退行性疾病－中医药
天津国际生物医药联合研究院有限公司	0	1	0	0	0	心血管退行性疾病－中医药
王朝辉	0	0	1	0	0	心血管退行性疾病－中医药

专利申请人	2019	2020	2021	2022	2023	技术分支
天津市泽陇生物科技有限公司	0	1	0	0	0	心血管退行性疾病－中医药
天津市武清区爱康中医医院	0	0	0	1	0	心血管退行性疾病－中医药
津药达仁堂集团股份有限公司乐仁堂制药厂	0	0	0	1	0	心血管退行性疾病－中医药
宝利康生物科技（天津）有限公司	0	0	0	1	0	心血管退行性疾病－中医药
天津中医药大学	0	1	2	0	0	心血管退行性疾病－食品保健
李冰	0	1	0	0	0	心血管退行性疾病－食品保健
天津益倍元天然产物技术有限公司	0	1	0	0	0	心血管退行性疾病－食品保健
周玉喜	0	1	0	0	0	心血管退行性疾病－食品保健
天津天狮生物发展有限公司	0	1	0	0	0	心血管退行性疾病－食品保健
王朝辉	0	0	1	0		心血管退行性疾病－食品保健
天津现代天骄水产饲料股份有限公司	0	1	0	0		心血管退行性疾病－食品保健
天津星宇航天生物科技有限公司	0	1	0	0		心血管退行性疾病－食品保健
杨清	0	0	0	3	0	心血管退行性疾病－诊疗材料和设备
天津津亦蜀医疗器械有限公司	0	0	2	0	0	心血管退行性疾病－诊疗材料和设备
中国医学科学院生物医学工程研究所	1	0	0	0	1	心血管退行性疾病－诊疗材料和设备
安吉特（天津）科技有限公司	0	0	0	2	0	心血管退行性疾病－诊疗材料和设备
石牛（天津）医疗科技有限公司	0	2	0	0	0	心血管退行性疾病－诊疗材料和设备
天津极豪科技有限公司	0	0	0	2	0	心血管退行性疾病－诊疗材料和设备
云木（天津）科技有限公司	0	1	0	0	0	心血管退行性疾病－诊疗材料和设备
天津中智云海软件科技有限公司	0	0	0	1	0	心血管退行性疾病－诊疗材料和设备
天津市中西医结合医院	0	0	1	0	0	心血管退行性疾病－诊疗材料和设备

表 3-32 列出了心血管退行性疾病天津市新进入者，其中天津医科大学眼科医院的专利申请量最多，并且 2020—2023 年均有申请，分别为 8 项、

5项、7项、6项，体现了专科医院在该技术领域的研发实力。

表 3-32　眼退行性疾病天津市新进入者　　　单位：项

专利申请人	2019	2020	2021	2022	2023	技术分支
天津医科大学眼科医院	0	8	5	7	6	眼退行性疾病
天津医科大学	0	1	1	1	0	眼退行性疾病
天津医科大学朱宪彝纪念医院	0	0	0	0	3	眼退行性疾病
天津医科大学第二医院	0	0	0	0	1	眼退行性疾病
天津尧舜生物科技有限公司	0	1	0	0	0	眼退行性疾病
天津脉络生物科技有限公司	0	1	0	0	0	眼退行性疾病
天宸（天津）生物科技有限公司	0	0	0	1	0	眼退行性疾病
谢坤	0	0	1	0	0	眼退行性疾病
夏楠	0	1	0	0	0	眼退行性疾病

3.7　协同创新情况分析

分析申请人的合作关系有助于了解哪些申请人更愿意通过合作进行发明，帮助寻找潜在的技术合作伙伴。

3.7.1　全球协同创新情况分析

统计全球各技术分支的协同创新情况，具体见表 3-33～表 3-37。

由表 3-33 可知，在骨质疏松领域，大型医药公司，如诺华公司、史密丝克莱恩比彻姆公司、武田药品工业株式会社、辉瑞公司等，均有与其他公司、研究所、高校等合作。但合作并不紧密，仅有一两项合作申请，可见在骨质疏松领域，尚没有特别长期或深度的合作。

表 3-33　骨质疏松全球协同创新情况　　　单位：项

专利申请人	合作申请人	合作专利申请量
诺华公司	爱克索马技术有限公司	2
诺华公司	麻省理工学院	2
诺华公司	西格诺药品有限公司	2
诺华公司	阿斯特克斯治疗有限公司	2
诺华公司	KNEISSEL MICHAELA	1
诺华公司	KEMP DANIEL	1

续表

专利申请人	合作申请人	合作专利申请量
诺华公司	IRM 责任有限公司	1
诺华公司	HALSE REZA	1
诺华公司	DUTTAROY ALOKESH	1
史密丝克莱恩比彻姆公司	NPS 药物有限公司	4
史密丝克莱恩比彻姆公司	LAMBERT MILLARD HURST Ⅲ	1
史密丝克莱恩比彻姆公司	MCCLURE MICHAEL SCOTT	1
史密丝克莱恩比彻姆公司	COBB JEFFREY EDMOND	1
史密丝克莱恩比彻姆公司	SAMANO VICENTE	1
史密丝克莱恩比彻姆公司	RYAN M DOMINIC	1
史密丝克莱恩比彻姆公司	TEDESCO ROSANNA	1
史密丝克莱恩比彻姆公司	JEONG JAE U	1
史密丝克莱恩比彻姆公司	人体基因组科学有限公司	1
史密丝克莱恩比彻姆公司	DHANAK DASHYANT	1
武田药品工业株式会社	FUKASE YOSHIYUKI	2
武田药品工业株式会社	YOSHIDA MASATO	2
武田药品工业株式会社	理化学研究所	2
武田药品工业株式会社	TAKAHASHI MASASHI	2
武田药品工业株式会社	TOBISU MAMORU	1
武田药品工业株式会社	TSUKAMOTO TETABUYA	1
武田药品工业株式会社	SAIKAWA REIKO	1
武田药品工业株式会社	味之素株式会社	1
武田药品工业株式会社	SHIRAI JUNYA	1
武田药品工业株式会社	IKEURA YOSHINORI	1
马克专利公司	山之内制药株式会社	1
辉瑞公司	PFIZER LTD	4
辉瑞公司	VINCENT LAWRENCE ALBERT	1
辉瑞公司	ROGERS BRUCE NELSEN	1
辉瑞公司	ZHANG LEI	1
辉瑞公司	百时美施贵宝公司	1
辉瑞公司	SVIRIDOV SERGEY 1	1
辉瑞公司	瑞纳神经科学公司	1
辉瑞公司	ODONNELL CHRISTOPHER JOHN	1
辉瑞公司	DUPLANTIER ALLEN JACOB	1
百时美施贵宝公司	卡罗生物股份公司	4
百时美施贵宝公司	赛瑞普股份有限公司	3
百时美施贵宝公司	法玛柯培亚公司	2

续表

专利申请人	合作申请人	合作专利申请量
百时美施贵宝公司	辉瑞公司	1
百时美施贵宝公司	TANG ERQING	1
百时美施贵宝公司	QIAN XINHUA	1
百时美施贵宝公司	艾兰制药国际有限公司	1
百时美施贵宝公司	通用医疗公司	1
百时美施贵宝公司	里格尔药品股份有限公司	1
百时美施贵宝公司	DESHPANDE RAJENDRA P	1
辉瑞产品公司	KE HUA ZHU	1
辉瑞产品公司	KAROLINSKA INNOVATIONS AB	1
辉瑞产品公司	CAMPAGNARI JUDITH LEE	1
辉瑞产品公司	THOMPSON DAVID DUANE	1
辉瑞产品公司	MILLER JONATHAN M	1
默沙东公司	默克弗罗斯特加拿大有限公司	4
默沙东公司	DUGGAN MARK E	2
默沙东公司	COLEMAN PAUL J	2
默沙东公司	卡罗生物股份公司	2
默沙东公司	HUTCHINSON JOHN H	2
默沙东公司	FISHER JOHN E	1
默沙东公司	PERKINS JAMES J	1
默沙东公司	WANG JIABING	1
默沙东公司	RESZKA ALFRED A	1
默沙东公司	HALCZENKO WASYL	1
阿斯利康制药有限公司	拜耳先灵制药公司	3
阿斯利康制药有限公司	癌症研究所皇家癌症医院	3
阿斯利康制药有限公司	癌症研究科技有限公司	3
阿斯利康制药有限公司	阿斯特克斯治疗有限公司	3
阿斯利康制药有限公司	帕尔梅根治疗（协同）有限公司	2
阿斯利康制药有限公司	医疗免疫有限公司	2
阿斯利康制药有限公司	HALES NEIL JAMES	1
阿斯利康制药有限公司	BETTS MICHAEL JOHN	1
阿斯利康制药有限公司	拜耳制药股份公司	1
阿斯利康制药有限公司	阿斯特捷利康英国股份有限公司	1
惠氏公司	伊泰克斯股份有限公司	2
惠氏公司	TRYBULSKI EUGENE JOHN	2
惠氏公司	KERN JEFFREY CURTIS	2
惠氏公司	西兰制药公司	1

续表

专利申请人	合作申请人	合作专利申请量
惠氏公司	医疗免疫有限公司	1
惠氏公司	兴研股份有限公司	1
惠氏公司	日本住友制药股份有限公司	1
惠氏公司	KRESEVIC JOHN	1
惠氏公司	COGHLAN RICHARD D	1
惠氏公司	WILSON MATTHEW ALAN	1

由表 3-34 可知，在骨与关节退行性疾病领域，艾伯维公司与嘉来克生命科学有限责任公司的合作最紧密，合作申请有 12 项。其次是马克专利公司与癌症研究科技有限公司，合作申请有 6 项。弗哈夫曼拉罗切有限公司与瑞士苏黎世联邦理工学院合作申请有 5 项，诺华公司与 IRM 责任有限公司合作申请、马克专利公司与埃博灵克斯股份有限公司的合作专利申请量均有 4 项。

表 3-34　骨与关节退行性疾病全球协同创新情况　　　单位：项

专利申请人	合作申请人	合作专利申请量
诺华公司	IRM 责任有限公司	4
诺华公司	宾夕法尼亚大学理事会	3
诺华公司	西格诺药品有限公司	3
诺华公司	KEMP DANIEL	1
诺华公司	HALSE REZA	1
诺华公司	DUTTAROY ALOKESH	1
诺华公司	PAUL ANGELIKA CHRISTINA	1
诺华公司	HOLTON LAURA ELIZABETH	1
诺华公司	斯克里普斯研究学院	1
诺华公司	BARNES DAVID WENINGER	1
沃泰克斯药物股份有限公司	马克专利公司	2
沃泰克斯药物股份有限公司	杭田庆介	1
沃泰克斯药物股份有限公司	レッデボアーマークダブリュー	1
沃泰克斯药物股份有限公司	デイビスロバートジェイ	1
马克专利公司	癌症研究科技有限公司	6
马克专利公司	埃博灵克斯股份有限公司	4
马克专利公司	沃泰克斯药物股份有限公司	2
弗哈夫曼拉罗切有限公司	瑞士苏黎世联邦理工学院	5
弗哈夫曼拉罗切有限公司	健泰科生物技术公司	1

续表

专利申请人	合作申请人	合作专利申请量
弗哈夫曼拉罗切有限公司	苏黎世大学	1
辉瑞公司	レノビスインコーポレイテッド	1
艾伯维公司	嘉来克生命科学有限责任公司	12
艾伯维公司	カリコライフサイエンシーズエルエルシー	4
艾伯维公司	阿伯特有限及两合公司	1
艾伯维公司	阿珀吉尼科斯有限公司	1
塞诺菲安万特股份有限公司	田边制药株式会社	2
惠氏公司	NI YIKE	2
惠氏公司	LANGEN BARBARA	2
惠氏公司	ERDEI JAMES JOSEPH	2
惠氏公司	HOEFGEN NORBERT	2
惠氏公司	MALAMAS MICHAEL S	2
惠氏公司	PRIEBS MARTINA	2
惠氏公司	EGERLAND UTE	2
惠氏公司	STANGE HANS	2
惠氏公司	BIOTIE THERAPIES GMBH	2
惠氏公司	宾夕法尼亚大学理事会	1
加利福尼亚大学董事会	华盛顿大学	2
加利福尼亚大学董事会	南加利福尼亚大学	1
加利福尼亚大学董事会	伯明翰大学	1
加利福尼亚大学董事会	CASTRILLO ANTONIO	1
加利福尼亚大学董事会	美国政府（退伍军人事务部）	1
加利福尼亚大学董事会	JOSEPH SEAN B	1
加利福尼亚大学董事会	奥德纳米有限公司	1
加利福尼亚大学董事会	戴维格拉德斯通研究所	1
加利福尼亚大学董事会	心脏运动有限责任公司	1
加利福尼亚大学董事会	美国布克年龄研究所	1

由表 3-35 可知，在神经退行性疾病领域，法国国家健康医学研究院的合作最频繁，包揽了合作专利申请量的前三名，其中，与法国国家科学研究中心的合作专利申请量达到 124 项，占据首位，与巴黎公共救济院以及与索邦大学的合作专利申请量均有 42 项。位列第四名的是法国国家科学研究中心与索邦大学的合作，两者合作的专利申请量有 31 项。可见这些研究中心、研究院、大学的合作是非常频繁的。

表 3-35　神经退行性疾病全球协同创新情况　　　单位：项

专利申请人	合作申请人	合作专利申请量
弗哈夫曼拉罗切有限公司	健泰科生物技术公司	16
弗哈夫曼拉罗切有限公司	锡耶纳生物技术股份公司	16
弗哈夫曼拉罗切有限公司	弗纳里斯研究有限公司	9
弗哈夫曼拉罗切有限公司	瑞士苏黎世联邦理工学院	6
弗哈夫曼拉罗切有限公司	普罗典娜生物科学有限公司	5
弗哈夫曼拉罗切有限公司	ICAGEN LLC	4
弗哈夫曼拉罗切有限公司	记忆药物公司	4
弗哈夫曼拉罗切有限公司	罗赫诊断器材股份有限公司	2
弗哈夫曼拉罗切有限公司	法国国家科学研究中心	2
弗哈夫曼拉罗切有限公司	巴斯德研究所	2
法国国家科学研究中心	法国国家健康医学研究院	124
法国国家科学研究中心	索邦大学	31
法国国家科学研究中心	巴黎公共救济院	28
法国国家科学研究中心	蒙贝利耶第一大学	23
法国国家科学研究中心	大脑与脊髓研究学院 ICM	21
法国国家科学研究中心	斯特拉斯堡大学	19
法国国家科学研究中心	皮埃尔与玛丽居里大学	16
法国国家科学研究中心	巴斯德研究所	14
法国国家科学研究中心	克洛德贝纳尔里昂第一大学	14
法国国家科学研究中心	原子能和替代能源委员会	14
加利福尼亚大学董事会	美国政府（退伍军人事务部）	6
加利福尼亚大学董事会	通用医疗公司	6
加利福尼亚大学董事会	戴维格拉德斯通研究所	5
加利福尼亚大学董事会	华盛顿大学商业中心	3
加利福尼亚大学董事会	宾夕法尼亚大学理事会	3
加利福尼亚大学董事会	优美佳生物技术有限公司	3
加利福尼亚大学董事会	PRUSINER STANLEY B	3
加利福尼亚大学董事会	小利兰斯坦福大学托管委员会	3
加利福尼亚大学董事会	北卡罗来纳查佩尔山大学	3
加利福尼亚大学董事会	辉瑞公司	2
辉瑞公司	PFIZER JAPAN	8
辉瑞公司	神经能质公司	5
辉瑞公司	NAKAO KAZUNARI	3
辉瑞公司	NAGAYAMA SATOSHI	3
辉瑞公司	ROGERS BRUCE NELSEN	2

续表

专利申请人	合作申请人	合作专利申请量
辉瑞公司	TANAKA HIROTAKA	2
辉瑞公司	PFIZER LTD	2
辉瑞公司	ZHANG LEI	2
辉瑞公司	MIHARA SACHIKO	2
詹森药业有限公司	WANG AIHUA	6
詹森药业有限公司	LEONARD KRISTI ANNE	6
詹森药业有限公司	HAWKINS MICHAEL	5
詹森药业有限公司	JACKSON PAUL FRANCIS	5
詹森药业有限公司	MAHAROOF UMAR S M	5
詹森药业有限公司	BARBAY JOSEPH KENT	5
詹森药业有限公司	ZHANG YAN	4
詹森药业有限公司	TOUNGE BRETT ANDREW	4
詹森药业有限公司	WACHTER MICHAEL P	3
詹森药业有限公司	CHAKRAVARTY DEVRAJ	3
诺华公司	IRM 责任有限公司	8
诺华公司	爱克索马技术有限公司	3
诺华公司	斯克里普斯研究学院	3
诺华公司	GREENIDGE PAULETTE	2
诺华公司	麻省理工学院	2
诺华公司	宾夕法尼亚大学理事会	2
诺华公司	WU ZHIDAN	2
诺华公司	VULPETTI ANNA	2
诺华公司	吉利德科学公司	2
百时美施贵宝公司	MADUSKUIE THOMAS P	4
百时美施贵宝公司	奥尔伯尼分子研究公司	3
百时美施贵宝公司	莱西肯医药有限公司	3
百时美施贵宝公司	多曼提斯有限公司	3
百时美施贵宝公司	辉瑞公司	2
百时美施贵宝公司	赛瑞普股份有限公司	2
百时美施贵宝公司	里格尔药品股份有限公司	2
百时美施贵宝公司	埃克塞里艾克西斯专利有限责任公司	2
百时美施贵宝公司	MIKKILINENI AMARENDRA B	2
百时美施贵宝公司	罗氏创新中心哥本哈根有限公司	2
阿斯利康制药有限公司	阿斯特克斯治疗有限公司	25
阿斯利康制药有限公司	SWAHN BRITT MARIE	6

专利申请人	合作申请人	合作专利申请量
阿斯利康制药有限公司	RAKOS LASZLO	6
阿斯利康制药有限公司	HOLENZ JORG	6
阿斯利康制药有限公司	KOLMODIN KARIN	5
阿斯利康制药有限公司	KARLSTROM SOFIA	5
阿斯利康制药有限公司	ROTTICCI DIDIER	4
阿斯利康制药有限公司	KIHLSTROM JACOB	4
阿斯利康制药有限公司	BERG STEFAN	3
阿斯利康制药有限公司	KERS ANNIKA	3
惠氏公司	伊兰制药公司	14
惠氏公司	锡耶纳生物技术股份公司	7
惠氏公司	BERLIN ROGER	4
惠氏公司	杨森阿尔茨海默氏症免疫治疗公司	4
惠氏公司	神经实验室有限公司	3
惠氏公司	BIOTIE THERAPIES GMBH	3
惠氏公司	NI YIKE	2
惠氏公司	LANGEN BARBARA	2
惠氏公司	ERDEI JAMES JOSEPH	2
惠氏公司	爱尔兰詹森科学公司	2
法国国家健康医学研究院	巴黎公共救济院	42
法国国家健康医学研究院	索邦大学	42
法国国家健康医学研究院	蒙贝利耶第一大学	26
法国国家健康医学研究院	大脑与脊髓研究学院 ICM	20
法国国家健康医学研究院	雷卡尔巴黎大学	17
法国国家健康医学研究院	巴黎第七大学	16
法国国家健康医学研究院	皮埃尔与玛丽居里大学	15
法国国家健康医学研究院	波尔多大学	15
法国国家健康医学研究院	里尔大学地区医疗中心	14

　　由表 3-36 可知，在心血管退行性疾病领域，法国国家健康医学研究院的合作最频繁，居合作专利申请量第一名和第二名，其中与法国国家科学研究中心的合作最多，合作申请有 66 项，其次是法国国家健康医学研究院与巴黎公共救济院的合作申请有 36 项。弗哈夫曼拉罗切有限公司与罗赫诊断器材股份有限公司的合作申请有 28 项，法国国家健康医学研究院与法国图卢兹第三大学的合作申请有 24 项，辉瑞公司与 PFIZER LTD 合作申请有 19 项。可见这些研究中心、研究院，大学与大型公司之间的合作是非常频繁的。

表 3-36　心血管退行性疾病全球协同创新情况　　　　单位：项

专利申请人	合作申请人	合作专利申请量
诺华公司	泽农医药公司	9
诺华公司	IRM 责任有限公司	6
诺华公司	WEBB RANDY LEE	3
诺华公司	PRESCOTT MARGARET FORNEY	3
诺华公司	爱克索马技术有限公司	2
诺华公司	麻省理工学院	2
诺华公司	SHETTY SURAJ SHIVAPPA	2
诺华公司	KHDER YASSER	2
诺华公司	MCCARTHY CLIVE	1
阿勒根公司	DONDE YARIV	5
阿勒根公司	BURK ROBERT M	4
阿勒根公司	GARST MICHAEL E	3
阿勒根公司	WHEELER LARRY A	2
阿勒根公司	HOLOBOSKI MARK	2
阿勒根公司	OLD DAVID W	2
阿勒根公司	POSNER MARI F	1
阿勒根公司	WOODWARD DAVID F	1
阿勒根公司	KRAUSS ACHIM H	1
阿勒根公司	LIANG YANBIN	1
百时美施贵宝公司	MADUSKUIE THOMAS P	4
百时美施贵宝公司	SHER PHILIP M	4
百时美施贵宝公司	FEDER JOHN N	3
百时美施贵宝公司	MENG WEI	3
百时美施贵宝公司	GU ZHENGXIANG	3
百时美施贵宝公司	卡罗生物股份公司	3
百时美施贵宝公司	WASHBURN WILLIAM N	3
百时美施贵宝公司	MURUGESAN NATESAN	3
百时美施贵宝公司	罗氏创新中心哥本哈根有限公司	3
百时美施贵宝公司	ZHANG MINSHENG	2
弗哈夫曼拉罗切有限公司	罗赫诊断器材股份有限公司	28
弗哈夫曼拉罗切有限公司	健泰科生物技术公司	7
弗哈夫曼拉罗切有限公司	HESS GEORG	6
弗哈夫曼拉罗切有限公司	HORSCH ANDREA	6
弗哈夫曼拉罗切有限公司	ZDUNEK DIETMAR	6
弗哈夫曼拉罗切有限公司	瑞士苏黎世联邦工学院	5

专利申请人	合作申请人	合作专利申请量
弗哈夫曼拉罗切有限公司	多伦多大学理事会	3
弗哈夫曼拉罗切有限公司	马斯特里赫特大学	2
弗哈夫曼拉罗切有限公司	日内瓦大学医院	2
弗哈夫曼拉罗切有限公司	佛兰芒综合大学生物技术研究所	2
辉瑞公司	PFIZER LTD	19
辉瑞公司	RUI EUGENE YUANJIN	3
辉瑞公司	神经能质公司	3
辉瑞公司	GLOSSOP PAUL ALAN	2
辉瑞公司	LANE CHARLOTTE ALICE LOUISE	2
辉瑞公司	BROWN ALAN DANIEL	2
辉瑞公司	寇夫克斯技术爱尔兰有限公司	2
辉瑞公司	PRICE DAVID ANTHONY	1
辉瑞公司	尼科克斯公司	1
加利福尼亚大学董事会	美国政府（退伍军人事务部）	5
加利福尼亚大学董事会	托佩拉公司	4
加利福尼亚大学董事会	小利兰斯坦福大学托管委员会	4
加利福尼亚大学董事会	戴维格拉德斯通研究所	3
加利福尼亚大学董事会	通用医疗公司	3
加利福尼亚大学董事会	美国政府	2
加利福尼亚大学董事会	埃朗根纽伦堡弗里德里希亚历山大大学	2
加利福尼亚大学董事会	衣阿华大学研究基金会	2
加利福尼亚大学董事会	华盛顿大学商业中心	2
加利福尼亚大学董事会	华盛顿大学	2
心脏起搏器股份公司	南卡罗来纳医科大学研究发展基金会	2
心脏起搏器股份公司	SHARMA ARJUN	1
心脏起搏器股份公司	STALSBERG KEVIN J	1
心脏起搏器股份公司	SWEENEY ROBERT J	1
心脏起搏器股份公司	WALKER JOSEPH	1
心脏起搏器股份公司	重症监护诊断股份有限公司	1
心脏起搏器股份公司	SACHANANDANI HARESH G	1
心脏起搏器股份公司	PETERSON JON	1
心脏起搏器股份公司	纽约市哥伦比亚大学理事会	1
心脏起搏器股份公司	CARLSON GERRARD M	1
勃林格殷格翰国际有限公司	生命医药公司	3
勃林格殷格翰国际有限公司	西兰制药公司	2
勃林格殷格翰国际有限公司	SCHINDLER MARCUS	2

续表

专利申请人	合作申请人	合作专利申请量
勃林格殷格翰国际有限公司	海德拉生物科学公司	2
勃林格殷格翰国际有限公司	CECI ANGELO	2
勃林格殷格翰国际有限公司	WALKER EDWARD	1
勃林格殷格翰国际有限公司	FARROW NEIL ALEXANDER	1
勃林格殷格翰国际有限公司	HICKEY EUGENE RICHARD	1
勃林格殷格翰国际有限公司	日本国立大学法人大阪大学	1
法国国家健康医学研究院	法国国家科学研究中心	66
法国国家健康医学研究院	巴黎公共救济院	36
法国国家健康医学研究院	法国图卢兹第三大学	24
法国国家健康医学研究院	索邦大学	17
法国国家健康医学研究院	雷卡尔巴黎大学	17
法国国家健康医学研究院	波尔多大学	13
法国国家健康医学研究院	巴黎大学	12
法国国家健康医学研究院	洛林大学	12
法国国家健康医学研究院	UNIVERSITÉ PARIS CITÉ	11
法国国家健康医学研究院	巴黎第十一大学	11
詹森药业有限公司	LEONARD KRISTI ANNE	6
詹森药业有限公司	HAWKINS MICHAEL	5
詹森药业有限公司	JACKSON PAUL FRANCIS	5
詹森药业有限公司	MAHAROOF UMAR S M	5
詹森药业有限公司	BARBAY JOSEPH KENT	5
詹森药业有限公司	ZHANG YAN	4
詹森药业有限公司	WANG AIHUA	4
詹森药业有限公司	TOUNGE BRETT ANDREW	4
詹森药业有限公司	LINDERS JOANNES THEODORUS MARIA	3

由表 3-37 可知，在眼退行性疾病领域，弗哈夫曼拉罗切有限公司与健泰科生物技术公司的合作最多，合作申请有 14 项，其次是辉瑞公司与 PFIZER LTD 的合作，以及加利福尼亚大学董事会与加州理工学院的合作，均有 8 项；紧随其后的是参天制药股份有限公司与旭硝子株式会社的合作申请为 7 项。

表 3-37　眼退行性疾病全球协同创新情况　　　　　单位：项

专利申请人	合作申请人	合作专利申请量
阿勒根公司	BURK ROBERT M	6
阿勒根公司	DONDE YARIV	5
阿勒根公司	HOLOBOSKI MARK	4

续表

专利申请人	合作申请人	合作专利申请量
阿勒根公司	OLD DAVID W	4
阿勒根公司	GARST MICHAEL E	4
阿勒根公司	埃克森海特治疗股份有限公司	3
阿勒根公司	WHEELER LARRY A	2
阿勒根公司	DONELLO JOHN E	2
阿勒根公司	CHOW KEN	2
阿勒根公司	艾克森希特公司	2
诺华公司	西格诺药品有限公司	3
诺华公司	VULPETTI ANNA	3
诺华公司	IRM 责任有限公司	2
诺华公司	QLT 股份有限公司	2
诺华公司	PRESCOTT MARGARET FORNEY	2
诺华公司	麻省理工学院	2
诺华公司	LORTHIOIS EDWIGE LILIANE JEANNE	2
诺华公司	MEYER JOANNE	1
诺华公司	WAN YONGQIN	1
加利福尼亚大学董事会	加州理工学院	8
加利福尼亚大学董事会	美国政府（退伍军人事务部）	6
加利福尼亚大学董事会	优美佳生物技术有限公司	6
加利福尼亚大学董事会	意大利学院科技基金会	4
加利福尼亚大学董事会	萨勒诺学习大学	3
加利福尼亚大学董事会	戴维格拉德斯通研究所	3
加利福尼亚大学董事会	乌尔比诺大学	3
加利福尼亚大学董事会	小利兰斯坦福大学托管委员会	3
加利福尼亚大学董事会	华盛顿大学商业中心	2
加利福尼亚大学董事会	华盛顿大学	2
辉瑞公司	PFIZER LTD	8
辉瑞公司	RUI EUGENE YUANJIN	3
辉瑞公司	ROGERS BRUCE NELSEN	2
辉瑞公司	ZHANG LEI	2
辉瑞公司	艾默根佛蒙特有限公司	2
辉瑞公司	ODONNELL CHRISTOPHER JOHN	2
辉瑞公司	DUPLANTIER ALLEN JACOB	2
辉瑞公司	WANG YONG	1

续表

专利申请人	合作申请人	合作专利申请量
辉瑞公司	VINCENT LAWRENCE ALBERT	1
马克专利公司	普雷克斯顿医疗股份公司	1
弗哈夫曼拉罗切有限公司	健泰科生物技术公司	14
弗哈夫曼拉罗切有限公司	瑞士苏黎世联邦理工学院	5
弗哈夫曼拉罗切有限公司	YAN MINHONG	3
弗哈夫曼拉罗切有限公司	中外制药株式会社	2
弗哈夫曼拉罗切有限公司	NIESSEN KYLE	2
弗哈夫曼拉罗切有限公司	ZHANG GU	1
弗哈夫曼拉罗切有限公司	日本国立大学法人大阪大学	1
弗哈夫曼拉罗切有限公司	苏黎世大学	1
弗哈夫曼拉罗切有限公司	罗氏创新中心哥本哈根有限公司	1
参天制药股份有限公司	旭硝子株式会社	7
参天制药股份有限公司	独立行政法人国立病院机构	6
参天制药股份有限公司	宇部兴产株式会社	5
参天制药股份有限公司	希森美康株式会社	3
参天制药股份有限公司	京都府公立大学法人	3
参天制药股份有限公司	定制药品研究株式会社	2
参天制药股份有限公司	TASHIRO KEI	2
参天制药股份有限公司	埼玉医科大学	2
参天制药股份有限公司	新加坡保健服务集团有限公司	2
参天制药股份有限公司	木下茂	1
詹森药业有限公司	LINDERS JOANNES THEODORUS MARIA	3
詹森药业有限公司	REYNOV MIKHAIL VIKTOROVICH	3
詹森药业有限公司	DAVIDENKO PETR VLADIMIRIVICH	3
詹森药业有限公司	HENDRICKX ROBERT JOZEF MARIA	3
詹森药业有限公司	LOWERSON KENNETH ANDREW	3
詹森药业有限公司	VAN WAUWE JEAN PIERRE FRANS	3
詹森药业有限公司	AERSSENS JEROEN MARCEL MARIA ROGER	3
詹森药业有限公司	DLAVARI MANSOOR	3
詹森药业有限公司	VAN LOMMEN GUY ROSALIA EUGEEN	3
詹森药业有限公司	VAN DER VEKEN LOUIS JOZEF ELISABETH	3
百时美施贵宝公司	MADUSKUIE THOMAS P	4
百时美施贵宝公司	卡罗生物股份公司	3

续表

专利申请人	合作申请人	合作专利申请量
百时美施贵宝公司	ZHANG MINSHENG	1
百时美施贵宝公司	GOPAL SHUBA	1
百时美施贵宝公司	法国国家健康医学研究院	1
百时美施贵宝公司	FRIENDS TODD	1
百时美施贵宝公司	XUE CHU BIAO	1
百时美施贵宝公司	法国国立鲁昂大学	1
百时美施贵宝公司	DESIKAN SRIDHAR	1
百时美施贵宝公司	FEDER JOHN N	1
爱尔康公司	CLARK ABBOT F	3
爱尔康公司	HELLBERG MARK R	2
爱尔康公司	MAY JESSE A	2
爱尔康公司	CHEN HWANG HSING	2
爱尔康公司	衣阿华大学研究基金会	1
爱尔康公司	KARAKELLE MUTLU	1
爱尔康公司	DANTANARAYANA ANURA P	1
爱尔康公司	GRAFF GUSTAV	1
爱尔康公司	SHEPARD ALLAN	1
爱尔康公司	SHARIF NAJAM A	1

3.7.2　中国协同创新情况分析

下文统计中国申请人协同创新情况，具体见表 3-38 ～表 3-42。

从表 3-38 可知，在骨质疏松领域，与全球协同创新情况相似，中国的合作申请也较少。其中，排名较靠前的有广东医科大学与湛江广医资产经营有限公司的合作申请有 6 项；中国科学院上海药物研究所与浙江大学、上海市伤骨科研究所均有 5 项合作申请，广东医科大学与广东润和生物科技有限公司同样也有 5 项合作申请。

表 3-38　骨质疏松中国协同创新情况　　　　　单位：项

专利申请人	合作申请人	合作专利申请量
正大制药（青岛）有限公司	青岛大学附属医院	2
正大制药（青岛）有限公司	青岛市食品药品检验研究院	1
中国科学院上海药物研究所	浙江大学	5
中国科学院上海药物研究所	上海市伤骨科研究所	5

续表

专利申请人	合作申请人	合作专利申请量
中国科学院上海药物研究所	华东师范大学	2
中国科学院上海药物研究所	上海医药集团股份有限公司	2
中国科学院上海药物研究所	复旦大学	1
中国科学院上海药物研究所	湖州师范学院	1
中国科学院上海药物研究所	上海交通大学医学院附属瑞金医院	1
中国科学院上海药物研究所	中国科学院上海生命科学研究院	1
中国药科大学	中国医学科学院药物研究所	1
中国药科大学	南京普赛依医药科技有限公司	1
中国药科大学	浙江中医药大学中药饮片有限公司	1
中国药科大学	中国科学院上海药物研究所	1
中国药科大学	南京医科大学附属脑科医院	1
中国药科大学	南京师范大学	1
中国药科大学	新疆科丽生物技术有限公司	1
广东医科大学	湛江广医资产经营有限公司	6
广东医科大学	广东润和生物科技有限公司	5
广东医科大学	广东永青生物科技有限公司	1
广东医科大学	内布拉斯加大学董事委员会	1

从表3-39中可知，中国在骨与关节退行性疾病领域的合作申请较少，中国药科大学与南京大学、广东东阳光药业股份有限公司与加拓科学公司、中国科学院上海药物研究所与浙江大学的合作申请均有5项；广东东阳光药业股份有限公司与加拓科学公司、中国科学院上海药物研究所与上海交通大学均有4项合作申请。

表3-39　骨与关节退行性疾病中国协同创新情况　　　　单位：项

专利申请人	合作申请人	合作专利申请量
中国药科大学	南京大学	5
中国药科大学	南京中澳转化医学研究院有限公司	2
中国药科大学	上海海天医药科技开发有限公司	1
广东东阳光药业股份有限公司	加拓科学公司	5
广东东阳光药业股份有限公司	东莞市东阳光新药研发有限公司	4
中国科学院上海药物研究所	浙江大学	5
中国科学院上海药物研究所	上海交通大学	4
中国科学院上海药物研究所	华东师范大学	2
中国科学院上海药物研究所	河南天方药业股份有限公司	1

专利申请人	合作申请人	合作专利申请量
中国科学院上海药物研究所	南方科技大学	1
中国科学院上海药物研究所	国家新药筛选中心	1
中国科学院上海药物研究所	苏州苏领生物医药有限公司	1
中国科学院上海药物研究所	湖州师范学院	1
中国科学院上海药物研究所	苏州青雅启瑞生物科技有限公司	1
中国科学院上海药物研究所	中国科学院上海生命科学研究院	1

从表 3-40 中可知，在神经退行性疾病领域，复旦大学与上海博道基因技术有限公司的合作最多，有 13 项合作申请；其他合作均较少，包括上海博德基因开发有限公司与复旦大学的 3 项合作申请，暨南大学与中国科学院广州生物医药与健康研究院的合作申请 2 项。

表 3-40　神经退行性疾病我国协同创新情况　　　　　单位：项

申请人	合作申请人	合作专利申请量
上海博德基因开发有限公司	复旦大学	3
中国科学院上海生命科学研究院	中国科学院上海药物研究所	1
中国科学院上海生命科学研究院	同济大学	1
中国科学院上海生命科学研究院	澳大利亚 RMIT 大学	1
复旦大学	上海博道基因技术有限公司	13
复旦大学	日本国千叶县	1
暨南大学	中国科学院广州生物医药与健康研究院	2
暨南大学	中国科学院上海药物研究所	1
暨南大学	中国热带农业科学院热带生物技术研究所	1
暨南大学	广东省科学院微生物研究所	1

从表 3-41 中可知，在心血管退行性疾病领域，苏州知微堂生物科技有限公司与杨洪舒的合作最多，有 140 项合作申请；其次是复旦大学与上海人类基因组研究中心，合作申请了 51 项，复旦大学与首都医科大学附属北京安贞医院的合作申请 15 项。其他合作均较少，均仅有 1 ～ 3 项。

表 3-41　心血管退行性疾病中国协同创新情况　　　　　单位：项

申请人	合作申请人	合作专利申请量
中国药科大学	药大制药有限公司	1
中国药科大学	浙江中医药大学中药饮片有限公司	1
中国药科大学	泰州越洋医药开发有限公司	1
中国药科大学	南京大学	1

续表

申请人	合作申请人	合作专利申请量
中国药科大学	中山大学中山眼科中心	1
中国药科大学	中国科学院上海药物研究所	1
中国药科大学	江苏省人民医院（南京医科大学第一附属医院）	1
中国药科大学	宁夏医科大学	1
中国药科大学	河南帅克药业有限公司	1
中国药科大学	南京师范大学	1
苏州知微堂生物科技有限公司	杨洪舒	140
复旦大学	上海人类基因组研究中心	51
复旦大学	首都医科大学附属北京安贞医院	15
复旦大学	珠海复旦创新研究院	3
复旦大学	上海博道基因技术有限公司	2
复旦大学	上海第二医科大学附属瑞金医院	1
复旦大学	上海市胸科医院	1
复旦大学	再生源（无锡）生物医药技术有限公司	1
复旦大学	上海中医药大学附属岳阳中西医结合医院	1
复旦大学	上海博德基因开发有限公司	1
复旦大学	上海市第一妇婴保健院	1
广东东阳光药业股份有限公司	乳源县永星技术服务有限公司	3
广东东阳光药业股份有限公司	东莞东阳光药物研发有限公司	2
广东东阳光药业股份有限公司	乳源东阳光药业有限公司	2
广东东阳光药业股份有限公司	东莞市东阳光新药研发有限公司	1

从表 3-42 中可知，在眼退行性疾病领域，合作申请整体相对较少。其中，中山大学中山眼科中心与中山大学有 3 项合作申请，广东东阳光药业股份有限公司与乳源县永星技术服务有限公司有 2 项合作申请，中山大学中山眼科中心与中国科学院宁波材料技术与工程研究所、中国中医科学院中药研究所、中国科学院宁波材料技术与工程研究所慈溪生物医学工程研究所均有 2 项合作申请。

表 3-42　眼退行性疾病中国协同创新情况　　　　单位：项

申请人	合作申请人	合作专利申请量
广东东阳光药业股份有限公司	乳源县永星技术服务有限公司	2
广东东阳光药业股份有限公司	加拓科学公司	1
广东东阳光药业股份有限公司	东莞市东阳光新药研发有限公司	1
中山大学中山眼科中心	中山大学	3
中山大学中山眼科中心	中国科学院宁波材料技术与工程研究所	2

续表

申请人	合作申请人	合作专利申请量
中山大学中山眼科中心	中国中医科学院中药研究所	2
中山大学中山眼科中心	中国科学院宁波材料技术与工程研究所 慈溪生物医学工程研究所	2
中山大学中山眼科中心	中国药科大学	1

3.7.3 天津市协同创新情况分析

统计天津市协同创新情况，具体见表 3-43 ～表 3-47。

通过各表数据可知，在骨质疏松、骨与关节退行性疾病、神经退行性疾病、心血管退行性疾病四个领域，天津市申请人的协同创新相对较少，主要集中在南开大学与天津舞鹤生物药业制剂有限公司、天津瑞芯科技有限公司、天津市环湖医院、天津医科大学总医院、天津国际生物医药联合研究院有限公司等单位的合作，但均仅有 1 ～ 2 项合作申请。在眼退行性疾病领域，天津优视眼科技术有限公司与首都医科大学附属北京同仁医院的合作相对多一些，合作申请有 4 项，其次是天津大学与齐鲁制药有限公司的合作申请有 3 项。

表 3-43　骨质疏松天津市协同创新情况 单位：项

申请人	合作申请人	合作专利申请量
南开大学	天津舞鹤生物药业制剂有限公司	1
南开大学	天津瑞芯科技有限公司	1

表 3-44　骨与关节退行性疾病天津市协同创新情况 单位：项

申请人	合作申请人	合作专利申请量
南开大学	天津舞鹤生物药业制剂有限公司	1

表 3-45　神经退行性疾病天津市协同创新情况 单位：项

申请人	合作申请人	合作专利申请量
天津医科大学	王威	1
南开大学	天津市环湖医院	2
南开大学	大津医科大学总医院	1
南开大学	复旦大学	1
南开大学	天津市第一中心医院	1
天津医科大学总医院	中国医学科学院血液病医院（血液学研究所）	1
天津医科大学总医院	南开大学	1
天津中医药大学	无锡济煜山禾药业股份有限公司	1

表 3-46 心血管退行性疾病天津市协同创新情况　　　　单位：项

申请人	合作申请人	合作专利申请量
南开大学	天津医科大学	1
南开大学	天津国际生物医药联合研究院有限公司	1
天津药物研究院有限公司	河北爱尔海泰制药有限公司	1
天津药物研究院有限公司	天津市中央药业有限公司	1
天津药物研究院有限公司	天津泰普药品科技发展有限公司	1
天津药物研究院有限公司	天津泰普制药有限公司	1
天津科技大学	淄博元亿苹饮料有限公司	1
天津科技大学	天津海河乳业有限公司	1

表 3-47 眼退行性疾病天津市协同创新情况　　　　单位：项

申请人	合作申请人	合作专利申请量
天津优视眼科技术有限公司	首都医科大学附属北京同仁医院	4
天津医科大学	天津医科大学总医院	1
天津医科大学总医院	天津医科大学	1
天津大学	齐鲁制药有限公司	3

3.8　创新人才储备分析

下文对退行性疾病发明人排名进行统计，需要说明的是，由于在全球排名统计中，排名靠前的发明人中，中国发明人比较集中，可见国外专利申请的发明人并不集中，因此，此节没有对全球范围的发明人进行排名。如有寻找国外创新人才的需求，可以通过国外企业、个人申请人统计列表寻求相关信息。

3.8.1　中国发明人分析

3.8.1.1　骨质疏松发明人排名

图 3-46 示出骨质疏松中国主要发明人排名。其中，陈阳生、王明刚、刘晓霞、孙桂玉、崔燎、任莉、吴铁、臧云龙来自正大制药（青岛）有限公司的研发团队。陈阳生是青岛市政府特殊津贴专家，骨质疏松领域重点学科的带头人，任正大制药（青岛）有限公司研发副总裁，主要负责研发部工作总体规划，包括新药研发及试生产、工艺技术改进、知识产权等，参与国家"863 计划"项目 1 项、青岛市自主创新重大专项 1 项、青岛市海洋科技创新项目 1 项，

主持完成产品骨化三醇、阿法骨化醇的开发。

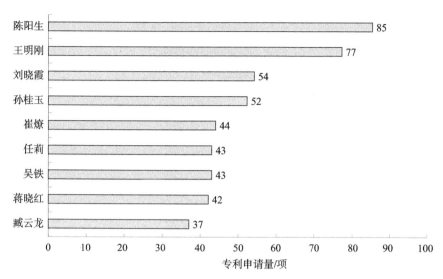

图 3-46　骨质疏松中国发明人排名

3.8.1.2　骨与关节退行性疾病发明人排名

图 3-47 示出骨与关节退行性疾病中国主要发明人排名。其中余内逊、余谦梁为同一团队，来自浙江，申请主要涉及中医药领域。陈冠卿、陈洪波、王芳为同一团队，来自郑州，申请主要涉及治疗颈椎疾病的中医药及设备。王磊来自中国药科大学，刘杰来自山东明仁福瑞达制药股份有限公司，申请主要涉及颈椎病的药物。吴永谦来自山东轩竹医药科技有限公司，申请主要涉及生物技术。

3.8.1.3　神经退行性疾病发明人排名

图 3-48 示出神经退行性疾病中国主要发明人排名。毛裕民、谢毅来自上海博德基因开发有限公司，毛裕民原为复旦大学生命科学院院长，谢毅原为复旦大学生命科学院教授，二人成立基因产业集团，此后成立上海博德基因开发有限公司，致力于将科技成果转化为产业产品。张英俊、金传飞、钟文和来自广东东阳光有限公司，张英俊为董事长，金传飞为副经理，专利申请主要涉及治疗神经退行性疾病的化学药物。陶维康、贺峰来自恒瑞医药，陶维康为原副总经理，贺峰为现任副总经理，专利申请主要涉及治疗神经退行性疾病的化学药物。于文风来自北京奇源益德药物研究所，专利申请主要涉及中医药领域。

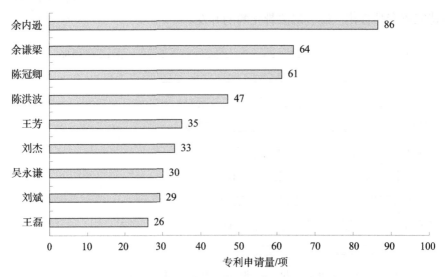

图 3-47　骨与关节退行性疾病中国发明人排名

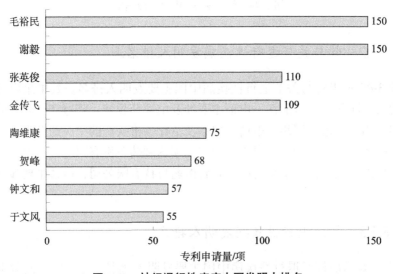

图 3-48　神经退行性疾病中国发明人排名

3.8.1.4　心血管退行性疾病发明人排名

图 3-49 示出心血管退行性疾病中国主要发明人排名。郑永锋、李旭、李永强来自天士力医药集团股份有限公司，郑永锋为知识产权首席执行官，李旭、李永强为天士力研发人员。刘昕超、马庆伟来自百世诺（北京）医学检验

实验室有限公司，专利申请主要涉及心血管退行性疾病的生物技术。徐希平来自深圳奥萨制药有限公司，专利申请涉及化学药物和生物技术。

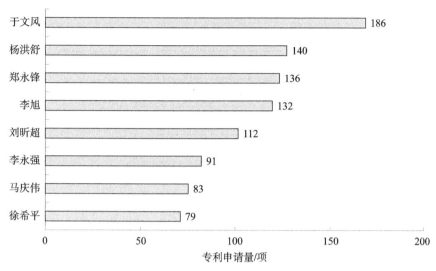

图 3-49　心血管退行性疾病中国发明人排名

3.8.1.5　眼退行性疾病发明人排名

图 3-50 示出眼退行性疾病中国主要发明人排名。邓勇来自四川大学，是华西药学院化学系教授，研究方向为抗退行性疾病药物研究、药物合成工艺及产业化研究，作为负责人或主研人员承担国家自然科学基金项目、国家"十二五"重大新药创制项目、国家"十一五"重大新药创制项目、教育部博士点基金、国家"十五"重大科技专项"创新药物与中药现代化"项目、企业药物开发项目等，被评为四川省学术和技术带头人后备人选、四川省卫生厅学术和技术带头人。王宁利来自首都医科大学附属北京同仁医院，现任北京同仁眼科中心主任，首都医科大学眼科学院院长，国家眼科诊断与治疗工程技术研究中心主任。王宁利是眼科学教育部重点学科、卫健委临床重点专科的学科、国家中医药管理局中西医结合重点学科带头人，是我国完成眼科及青光眼手术最多的专家之一，建立了北京市眼科学与视觉科学重点实验室，国家眼科诊断与治疗设备工程技术研究中心。顾峥来自宜昌东阳光长江药业股份有限公司，专利申请主要涉及化学药物。孙兴怀来自复旦大学附属眼耳鼻喉科医院，现任复旦大学上海医学院眼科学与视觉科学系主任，主要学术贡献为原发性青光眼的原创系列研究。

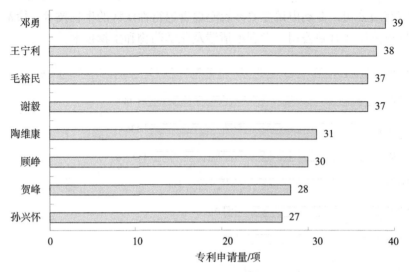

图 3-50　眼退行性疾病中国发明人排名

3.8.2　天津市发明人分析

3.8.2.1　骨质疏松发明人排名

图 3-51 示出骨质疏松天津市主要发明人排名。高秀梅、刘二伟、张伯礼、樊官伟、王虹均来自天津中医药大学，张伯礼为天津中医药大学名誉校长、中国工程院院士、国医大师，高秀梅为天津中医药大学校长。严浩来自天津市汉康医药生物技术有限公司，专利申请涉及治疗骨质疏松的化学药物。黄永亮来自天津天狮生物发展有限公司，专利申请涉及食品保健领域。赵娜夏、韩英梅来自天津药物研究院，专利申请涉及化学药物。

3.8.2.2　骨与关节退行性疾病发明人排名

图 3-52 示出骨与关节退行性疾病天津市主要发明人排名。排名前十位的发明人的专利申请量均为 4 项。其中，乔园园、周煜来自南开大学，专利申请涉及化学药物。刘霄飞来自天津市天堰医教科技开发有限公司，专利申请主要涉及老年护理设备。李金元来自天津天狮生物发展有限公司，专利申请主要涉及防治疾病的药物。周英超来自天津市中宝制药有限公司，专利申请涉及中医药领域。宋德成来自天津太平洋制药有限公司，专利申请涉及中医药领域。张宝玲、徐明玉来自天津市华林医疗保健用品有限公司，专利申请涉及疾病防治

设备。李扬来自天津市中宝制药有限公司，专利申请涉及治疗骨与关节退行性疾病的中药制剂。

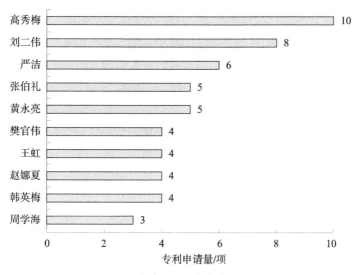

图 3-51 骨质疏松天津市发明人排名

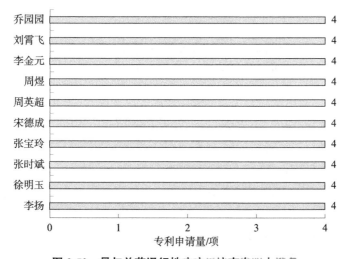

图 3-52 骨与关节退行性疾病天津市发明人排名

3.8.2.3 神经退行性疾病发明人排名

图 3-53 示出神经退行性疾病天津市主要发明人排名。高秀梅、吴红华、徐砚通、刘艳庭、董鹏志、应树松来自天津中医药大学。王江、刘晨、邓斌来自天津大学，专利申请涉及帕金森病实验平台等。刘夫锋来自天津科技大学，

专利申请主要涉及防治帕金森的化学药物。

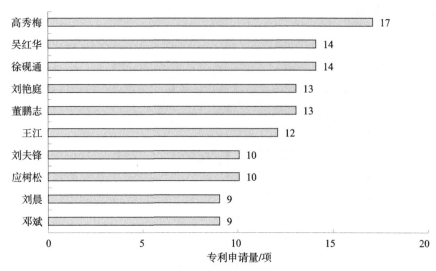

图 3-53　神经退行性疾病天津市发明人排名

3.8.2.4　心血管退行性疾病发明人排名

图 3-54 示出心血管退行性疾病天津市主要发明人排名。郑永锋、李旭、李永强、郑军、郭治昕、吴廼峰来自天津天士力制药股份有限公司。刘登科、徐为人、刘颖来自天津药物研究院，专利申请主要涉及化学药物。

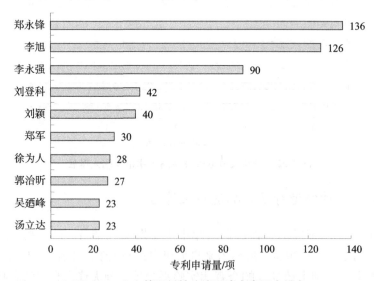

图 3-54　心血管退行性疾病天津市发明人排名

3.8.2.5 眼退行性疾病发明人排名

图 3-55 示出眼退行性疾病天津市主要发明人排名。杨军、田芳、王秀来自天津迈达医学科技股份有限公司，专利申请涉及眼科设备。李筱荣、张晓敏来自天津医科大学眼科医院，专利申请涉及视网膜病变的产品。张明瑞、裴秀娟来自天津世纪康泰生物医学工程有限公司，专利申请涉及眼科治疗的材料和设备。王宁利、王怀洲、田洁来自天津优视眼科技术有限公司，专利申请涉及眼科治疗的设备和检测方法。

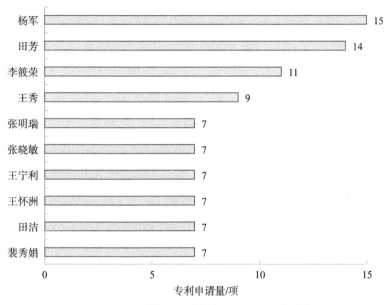

图 3-55 心血管退行性疾病天津市发明人排名

3.9 本章小结

本章梳理了退行性疾病的全球、中国、天津市的专利申请趋势、申请分布、重点技术分支的申请态势、专利运用情况、协同创新、创新主体等，美国是退行性疾病的主要技术来源国，中国是退行性疾病的主要目标国，中国退行性疾病的发展在心血管疾病、骨与关节退行性疾病方面具有优势，但是在神经退行性疾病领域存在欠缺。在技术分支中，中国在生物技术的发展较为落后，专利布局低于全球平均水平。天津市在退行性疾病的创新中，对于心血管退行性疾病的研究、产业化最突出，在生物技术方面最薄弱。对协同创新、创新主体进行了分析，给研发合作和人才储备提供了思路和资源参考。应当鼓励企业与院校/研究所之间的合作创新，提供高价值、高质量且具有产业化价值的创新技术。

第4章 重点技术领域分析

针对本书选取的骨质疏松、骨与关节退行性疾病、神经退行性疾病三个领域从技术路线、重点专利等维度进行分析。

4.1 骨质疏松技术领域

4.1.1 技术路线分析

首先将骨质疏松技术领域专利文献按申请年份划分为五个阶段,从各个阶段中查取同族数量大、引用数量大的专利文献,人工阅读并归纳各阶段重点改进的技术方向,形成如图 4-1 所示的骨质疏松技术发展路线。由图 4-1 可知,2000 年之前,骨质疏松技术领域非常关注抑制剂的研发,以抑制损伤软骨的酶与超氧化物自由基的产生,改善关节功能,延缓疾病进程为主;2001—2005 年,骨质疏松技术领域主要研发促进剂,以促进吸收为主;2006—2010 年,骨质疏松技术领域主要从经济角度出发,以降低成本为主;2011—2015 年,骨质疏松技术领域主要考虑安全性,以获得无毒副作用为主;2016—2020 年,骨质疏松技术领域主要研发载体,以提高生物利用度为主。

4.1.2 重点专利分析

4.1.2.1 涉诉专利（限中国）

表 4-1 示出了骨质疏松技术领域侵权诉讼专利（限中国）的情况,包括公开（告）号、标题、申请日、申请（专利权）人及专利有效性。

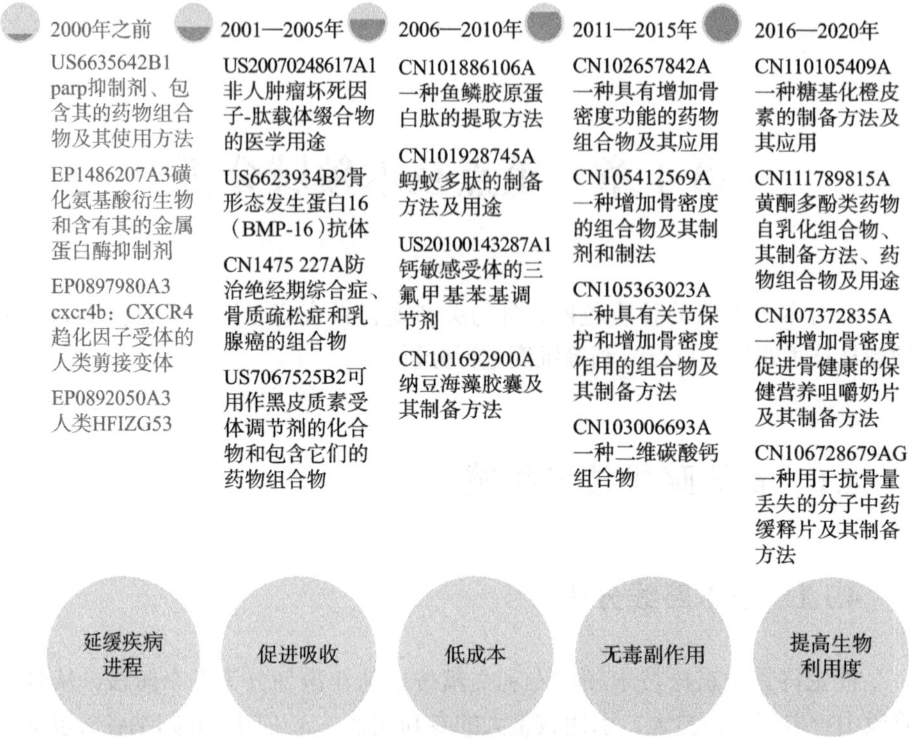

2000年之前	2001—2005年	2006—2010年	2011—2015年	2016—2020年
US6635642B1 parp抑制剂、包含其的药物组合物及其使用方法	US20070248617A1 非人肿瘤坏死因子-肽载体缀合物的医学用途	CN101886106A 一种鱼鳞胶原蛋白肽的提取方法	CN102657842A 一种具有增加骨密度功能的药物组合物及其应用	CN110105409A 一种糖基化橙皮素的制备方法及其应用
EP1486207A3磺化氨基酸衍生物和含有其的金属蛋白酶抑制剂	US6623934B2骨形态发生蛋白16（BMP-16）抗体	CN101928745A 蚂蚁多肽的制备方法及用途	CN105412569A 一种增加骨密度的组合物及其制剂和制法	CN111789815A 黄酮多酚类药物自乳化组合物、其制备方法、药物组合物及用途
EP0897980A3 cxcr4b：CXCR4趋化因子受体的人类剪接变体	CN1475 227A防治绝经期综合症、骨质疏松症和乳腺癌的组合物	US20100143287A1 钙敏感受体的三氟甲基苯基调节剂	CN105363023A 一种具有关节保护和增加骨密度作用的组合物及其制备方法	CN107372835A 一种增加骨密度促进骨健康的保健营养咀嚼奶片及其制备方法
EP0892050A3 人类HFIZG53	US7067525B2可用作黑皮质素受体调节剂的化合物和包含它们的药物组合物	CN101692900A 纳豆海藻胶囊及其制备方法	CN103006693A 一种二维碳酸钙组合物	CN106728679AG 一种用于抗骨量丢失的分子中药缓释片及其制备方法

延缓疾病进程　　促进吸收　　低成本　　无毒副作用　　提高生物利用度

图 4-1　骨质疏松技术路线图

表 4-1　骨质疏松技术领域侵权诉讼专利

序号	公开（公告）号	标题	法律状态/事件	申请（专利权）人	申请日	原告	被告
1	CN1938034B	ED-71 制剂	授权｜诉讼｜无效程序	中外制药株式会社	2005-02-07	1.中外制药株式会社　2.中外制药株式会社	1.温州海鹤药业有限公司　2.温州海鹤药业有限公司
2	CN1290848C	作为治疗或预防糖尿病的二肽基肽酶抑制剂的β-氨基四氢咪唑并(1,2-A)吡嗪和四氢三唑并(4,3-A)吡嗪	期限届满｜诉讼｜许可｜权利转移	先灵公司	2002-07-05	1.默沙东（中国）投资有限公司　2.默沙东（中国）投资有限公司	1.上海笛柏生物科技有限公司　2.广东东阳光药业有限公司

1. CN1938034B

该案为专利号为 200580009877.6、名称为"ED-71 制剂"的发明专利（以下简称涉案专利），其申请日为 2005 年 2 月 7 日，授权日为 2010 年 12 月 8 日。目的在于提供一种制剂，它能够抑制 ED-71 在室温储存时产生的主要降解产物：速甾醇型和反式型的产生。本发明提供了一种制剂，它含有 (5Z,7E)-(1R,2R,3R)-2-(3-羟基丙氧基)-9,10- 断胆甾 -5,7,10(19)-三烯 -1,3,25-三醇，油脂和抗氧化剂。(5Z,7E)-(1R,2R,3R)-2-(3-羟基丙氧基)-9,10- 断胆甾 -5,7,10(19)-三烯 -1,3,25-三醇是一种衍生物，它是由中外制药株式会社开发的具有骨形成功能的活化型维生素 D3 的合成衍生物，它是骨质疏松症的治疗药物。

相关诉讼信息如下：

（a）民事判决书：(2021) 京 73 民初 1438 号。

（b）(2022) 最高法知民终 905 号。

该案为全国首例药品专利链接纠纷案件，被评为北京法院 2022 年度知识产权司法保护十大案例，2022 年中国法院十大知识产权案件，最高人民法院知识产权法庭典型案例（2022），最高人民法院知识产权法庭裁判要旨摘要（2022）。

2020 年修正的《中华人民共和国专利法》正式确立了我国的药品专利链接制度，本案判决贯彻立法精神，对实践中出现的药品专利链接制度相关问题进行了有益探索。本案最终判决被诉仿制药未落入涉案专利权保护范围，既有利于增强原研药企对药品市场确定性的判断，又帮助仿制药企规避了盲目上市造成的诉讼风险。通过司法审判切实提升药品可及性，有助于降低用药成本，使更多价廉好药惠及百姓。

原告：中外制药株式会社

被告：温州海鹤药业有限公司

原告的上市专利药品为"艾地骨化醇软胶囊（剂型：胶囊剂，规格：0.75μg，批准文号：国药准字 HJ20200058）"，其上市许可持有人为原告。

被告申请注册的仿制药的药品名称为"艾地骨化醇软胶囊"（以下简称涉案仿制药），剂型为胶囊剂，规格为 0.75μg，注册类别为 4 类。原告主张涉案仿制药使用了与涉案专利修改后的权利要求 1 ～ 6 相同或等同的技术方案，落入涉案专利权利要求 1 ～ 6 的保护范围。

(2021) 京 73 民初 1438 号判决结果：被告申请注册的涉案仿制药并未落入原告的涉案专利权利要求 1 ～ 6 的保护范围。驳回原告中外制药株式会社的诉讼请求。

上诉人中外制药株式会社因与被上诉人温州海鹤药业有限公司确认是否落入专利权保护范围纠纷一案，不服中华人民共和国北京知识产权法院于 2022 年 4 月 15 日作出的（2021）京 73 民初 1438 号民事判决，提起上诉。

（2022）最高法知民终 905 号判决结果：驳回上诉，维持原判。

2. CN1290848C

专利号为 200580009877.6、名称为"ED-71 制剂"的发明专利，其申请日为 2005 年 2 月 7 日，授权日为 2010 年 12 月 8 日。

该案为专利号为 ZL02813558.X、名称为"作为治疗或预防糖尿病的二肽基肽酶抑制剂的 β-氨基四氢咪唑并 (1,2-A) 吡嗪和四氢三唑并 (4,3-A) 吡嗪"的发明专利，现权利人是 MSD。该专利申请日为 2002 年 7 月 5 日，授权公告日为 2006 年 12 月 20 日。本发明涉及二肽基肽酶 - Ⅳ 酶抑制剂（DP- Ⅳ 抑制剂）的化合物，其用于治疗或预防二肽基肽酶 - Ⅳ 酶涉及的疾病，例如糖尿病，尤其是 2 型糖尿病。本发明还涉及包含这些化合物的药用组合物，和这些化合物和组合物在预防或治疗二肽基肽酶 - Ⅳ 酶涉及的疾病方面的用途。因为 GIP 受体存在于成骨细胞中，所以 DP- Ⅳ 抑制作用可用于骨质疏松症的治疗或预防。

相关诉讼信息如下：

（a）（2020）沪 73 知民初 1132 号

原告：默沙东（中国）投资有限公司

被告：上海笛柏生物科技有限公司

原告默沙东（中国）投资有限公司（以下简称默沙东公司）与被告上海笛柏生物科技有限公司（以下简称笛柏公司）侵害发明专利权纠纷一案，上海知识产权法院于 2020 年 12 月 15 日公开开庭审理了本案。

原告默沙东公司提出诉讼请求：1. 判令被告笛柏公司立即停止侵犯第 ZL02813558.X 号发明专利权的行为，包括但不限于停止生产、销售、许诺销售、使用侵犯上述专利权的化合物；2. 判令被告笛柏公司向原告支付侵权赔偿金以及原告为制止侵权行为而支付的合理费用（包括但不限于律师费、公证费）支出共计人民币 20 万元；3. 判令被告承担本案的全部诉讼费用。被告正在制造、销售、许诺销售的西他列汀磷酸盐以及西他列汀磷酸盐一水化合物的母体分子（即除了磷酸和水以外的西他列汀化合物）与权利要求 23 中所记载的完全相同，即属于权利要求 23 中所记载的药学上可接受的盐，落入涉案专利权利要求 23 的保护范围。

判决结果：一、被告立即停止对原告享有的名称为"作为治疗或预防糖尿病的二肽基肽酶抑制剂的 β-氨基四氢咪唑并 (1,2-A) 吡嗪和四氢三唑并 (4,3-A) 吡嗪"、专利号为"ZL02813558.X"的发明专利权的侵害；二、被告赔偿原告经济损失和合理开支共计人民币 60 000 元；三、驳回原告的其余诉讼请求。

（b）（2020）粤 73 知民初 1837 号

原告：默沙东（中国）投资有限公司

被告：广东东阳光药业有限公司

原告默沙东（中国）投资有限公司（以下简称默沙东公司）与被告广东东阳光药业有限公司（以下简称东阳光公司）侵害发明专利权纠纷一案，广州知识产权法院依法组成合议庭于 2021 年 7 月 7 日进行第一次公开开庭审理，后双方争议较大，于 2021 年 9 月 18 日进行第二次公开开庭审理。

默沙东公司提出诉讼请求并明确如下：1.判令东阳光公司立即停止侵犯默沙东公司拥有的专利号为 ZL02813558.X 发明专利权的行为，即停止制造、销售、许诺销售、使用侵犯默沙东公司上述专利权的化合物；2.判令东阳光公司向默沙东公司支付侵权赔偿金以及默沙东公司为制止侵权行为而支付的合理费用（包括但不限于律师费、公证费）共计 200 000 元；3.判令东阳光公司承担本案的全部诉讼费用。默沙东公司于 2021 年 7 月 7 日第一次庭审中请求增加一项诉讼请求：确认东阳光公司获得上市批准的磷酸西格列汀片和西格列汀二甲双胍片的技术方案落入专利号为 ZL02813558.X 的发明专利权的保护范围。

该案属于侵害发明专利权纠纷，焦点问题在于：①默沙东公司主张被诉侵权行为构成许诺销售行为能否成立；②默沙东公司当庭增加确认被诉侵权行为落入本案专利保护范围的诉讼请求应否予以准许；③保护药品专利应注重专利权人、仿制药企业以及社会公众利益的合理平衡。

经审理，广州知识产权法院认为：保护药品专利应当注重专利权人、仿制药企业与社会公众的合理平衡，专利法保护专利权的最终目的在于服务社会，提升社会公共福祉。我国实行国家医保制度的目的在于通过市场和行政手段降低民众的用药成本，扩大药品可及范围，保护人民群众的身体健康，最终实现国家医保政策目的，就本案而言仿制药企业申请进入医保目录行为，不构成许诺销售行为，即仿制药名单进入了国家医保目录这一行为本身，难以被认定为构成专利法意义上的许诺销售行为。

判决如下：驳回默沙东（中国）投资有限公司的全部诉讼请求。案件受理费 4 300 元，由默沙东（中国）投资有限公司负担。

4.1.2.2　无效后仍维持有效的专利

表 4-2 列出了经过无效后仍维持有效的中国专利，此专利稳定性较好，在技术运用时应加以重视，避免专利侵权。

表 4-2　骨质疏松技术领域无效后仍维持有效的专利

序号	公开（告）号	标题	申请日	申请（专利权）人
1	CN1938034B	ED-71 制剂	2005-02-07	中外制药株式会社

该案为上述 4.1.2.1 节中的案件（1），无效宣告程序是伴随上述侵权案件进行的。专利号为 200580009877.6、名称为"ED-71 制剂"的发明专利（简称涉案专利），其申请日为 2005 年 2 月 7 日，授权日为 2010 年 12 月 8 日。目的在于提供一种制剂，它能够抑制 ED-71 在室温储存时产生的主要降解产物：速甾醇型和反式型的产生。本发明提供了一种制剂，它含有 (5Z,7E)-(1R,2R,3R)-2-(3-羟基丙氧基)-9,10-断胆甾-5,7,10(19)-三烯-1,3,25-三醇，油脂和抗氧化剂。(5Z,7E)-(1R,2R,3R)-2-(3-羟基丙氧基)-9,10-断胆甾-5,7,10(19)-三烯-1,3,25-三醇是一种衍生物，它是由中外制药株式会社开发的具有骨形成功能的活化型维生素 D3 的合成衍生物，它作为骨质疏松症的治疗药物。

该无效宣告案为合案审理，包括两个无效宣告请求，具体为：

无效宣告请求人 I（4W112228 案）：针对本专利，请求人四川国为制药有限公司于 2021 年 04 月 15 日向国家知识产权局提出了无效宣告请求。

无效宣告请求人 II（4W112534 案）：针对本专利，请求人正大天晴药业集团股份有限公司于 2021 年 06 月 10 日向国家知识产权局提出了无效宣告请求。

53498 号无效宣告审查决定：权利要求 1～6 不具备《中华人民共和国专利法》第 22 条第 3 款规定的创造性，宣告 200580009877.6 号发明专利权全部无效。

4.1.2.3　其他重点专利

表 4-3 示出了基于同族数量（大于 85 件）和被引用数量（大于 3 次）确定的骨质疏松技术领域重点专利的信息。

表 4-3　骨质疏松技术领域重点专利

序号	公开（告）号	发明名称	被引用次数 / 次	同族数量 / 件
1	WO2004113310A1	11-β-羟基类固醇脱氢酶 1 型化合物抑制剂在促进伤口愈合中的用途	216	12
2	US6011068A	钙受体活性分子	206	111
3	US20130045963A1	作为 JAK 抑制剂的环己基氮杂环丁烷衍生物	193	6
4	US20030087259A1	用于调节骨和软骨形成的方法和组合物	188	6
5	US6635642B1	parp 抑制剂、包含其的药物组合物及其使用方法	172	95
6	WO2006104280A1	糖尿病预防 / 治疗剂	166	4
7	US6313146B1	钙受体活性分子	133	111
8	US20130035334A1	布鲁顿酪氨酸激酶抑制剂	128	263
9	US20050119305A1	il-6 产生抑制剂	125	5
10	US20110288122A1	药物组合物及其给药	124	9
11	US20110257223A1	囊性纤维化跨膜电导调节剂的调节剂	121	131
12	US20120270845A1	用于治疗慢性炎症和炎症性疾病的组合物和方法	118	227
13	US20110160129A1	用于使用可吞咽药物递送装置递送到肠管腔中的治疗剂制剂	118	232
14	US20120190647A1	膦酸衍生物的新型口服形式	109	80
15	US6514983B1	用于治疗神经或心血管组织损伤的化合物、方法和药物组合物	106	95
16	US20130018071A1	N-[2,4-双 (1,1-二甲基乙基)-5-羟基苯基]-1,4-二氢-4-氧代喹啉-3-甲酰胺的固体形式	94	15
17	US20120258983A1	药物组合物及其给药	93	117
18	US20100305200A1	调节细胞内钙的化合物	93	4
19	US5688938A	钙受体活性分子	90	111

（1）WO2004113310A1

专利权人：比奥维特罗姆股份公司。

申请日：2003/06/25。

目前状态：PCT 未进入指定国（指定期满），部分同族专利的状态尚未确认。

技术简介：本发明涉及促进伤口愈合的方法，所述方法包括向需要这种促进作用的哺乳动物，包括人施用有效量的 11-β-羟基类固醇脱氢酶 1 型抑制剂，其中所述 11β-HSD1 抑制剂具有式（I）其中 T、R1、A1 和 A2 如说明书中所定义。这些化合物也可用于制造促进伤口愈合的药物。

说明书附图如图 4-2 所示。

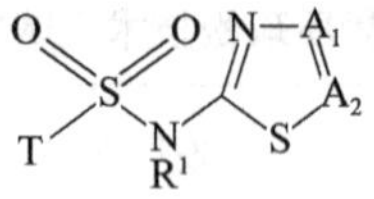

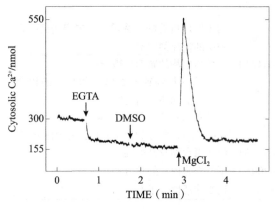

图 4-2　WO2004113310A1 说明书附图

（2）US6011068A

专利权人：NPS 药物有限公司。

申请日：1991/08/23。

目前状态：期限届满，部分同族专利的状态尚未确认。

技术简介：涉及无机离子受体在细胞和身体过程中的不同作用。该发明的特征在于：①可以调节一种或多种无机离子受体活性的分子，优选该分子可以模拟或阻断细胞外离子对具有无机离子受体的细胞的作用，更优选该细胞外离子是 Ca^{2+} 和作用于具有钙受体的细胞；②无机离子受体蛋白及其片段，优选钙受体蛋白及其片段；③编码无机离子受体蛋白及其片段，优选钙受体蛋白及其片段的核酸；④靶向无机离子受体蛋白，优选钙受体蛋白的抗体及其片段；⑤此类分子、蛋白质、核酸和抗体的用途。说明书附图如图 4-3 所示。

图 4-3　US6011068A 说明书附图

（3）US20130045963A1

专利权人：因塞特控股公司。

申请日：2011/08/18。

目前状态：授权，至少有一个同族专利的状态有效。

技术简介：提供了调节 Janus 激酶（JAK）活性并可用于治疗与 JAK 活性相关的疾病，包括炎性病症、自身免疫性疾病、癌症和其他疾病。说明书附图如图 4-4 所示。

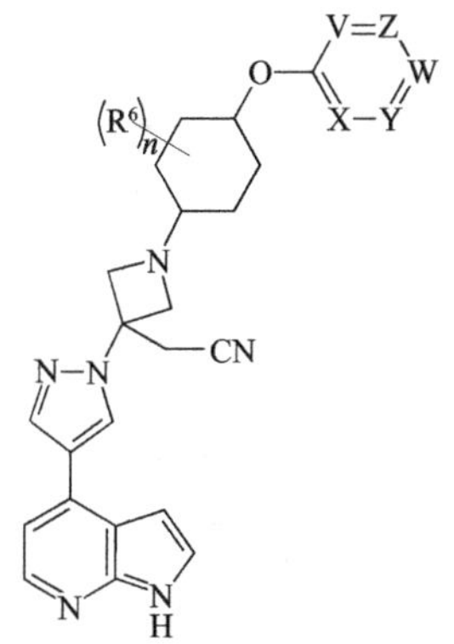

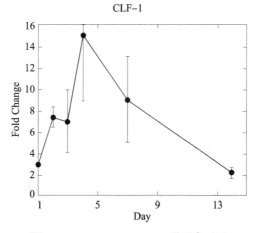

图 4-4 US20130045963A1 说明书附图

（4）US20030087259A1

专利权人：惠氏公司。

申请日：2001/04/18。

目前状态：撤回 – 视为撤回，所有同族专利的状态均已失效。

技术简介：本发明提供用于检测骨和软骨形成的诊断测定的方法和组合物，以及用于治疗与骨和软骨形成或再吸收有关的疾病和病症，例如骨质疏松症和骨部分的治疗方法和组合物。本发明还提供了与骨或软骨形成或吸收有关的疾病的治疗方法。还提供了鉴定此类疾病的治疗方法的方法。说明书附图如图 4-5 所示。

图 4-5 US20030087259A1 说明书附图

（5）US6635642B1

专利权人：卫采股份有限公司。

申请日：1997/09/03。

目前状态：未缴年费，所有同族专利的状态均已失效。

技术简介：本发明涉及 PARP 抑制剂、包含其药物组合物，以及使用其治疗因坏死或凋亡导致的细胞损伤或死亡引起的组织损伤的方法，其影响不受 NMDA 毒性介导的神经元活动；治疗因缺血和再灌注损伤、神经系统疾病和神经退行性疾病引起的神经组织损伤；预防或治疗血管性中风；治疗或预防心血管疾病；治疗其他病症和（或）障碍，例如年龄相关性黄斑变性、艾滋病和其他免疫衰老疾病、关节炎、动脉粥样硬化、恶病质、癌症、涉及复制性衰老的骨骼肌退行性疾病、糖尿病、头部创伤、免疫衰老、炎症性肠病疾病（如结肠炎和克罗恩病）、肌肉萎缩症、骨关节炎、骨质疏松症、慢性和/或急性疼痛（如神经性疼痛）、肾功能衰竭、视网膜缺血、感染性休克（如内毒素休克）、移植引起的器官损伤，和皮肤老化；延长细胞的寿命和增殖能力；改变衰老细胞的基因表达；或对缺氧的肿瘤细胞进行放射增敏。说明书附图如图 4-6 所示。

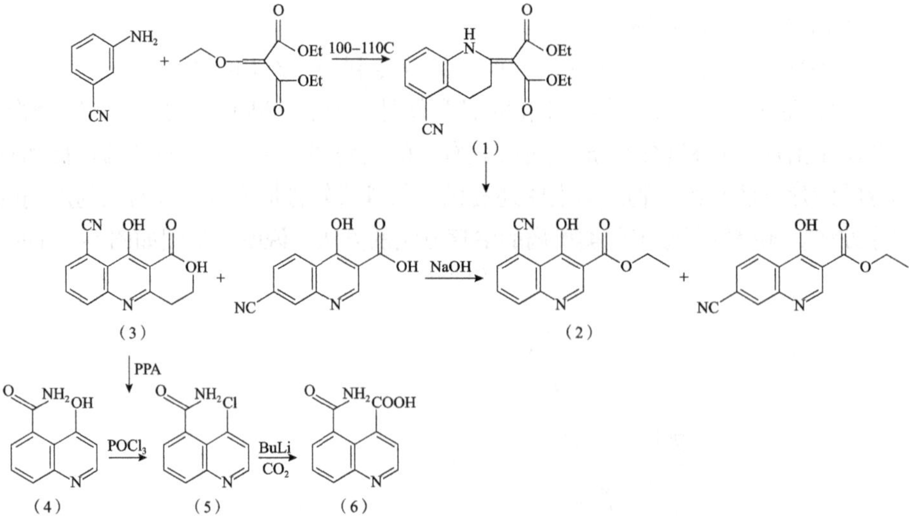

图 4-6　US6635642B1 说明书附图

（6）WO2006104280A1

专利权人：武田药品工业株式会社。

申请日：2005/03/31。

目前状态：PCT进入指定国（指定期满），所有同族专利的状态均已失效。

技术简介：本发明具有式（1）：[式中各符号含义与说明书相同]或其盐或其前药。本发明的 11β-羟基类固醇脱氢酶 1 抑制剂具有优异的活性，可用作糖尿病、胰岛素抵抗、肥胖、血脂异常、高血压等的预防/治疗剂。说明书附图如图 4-7 所示。

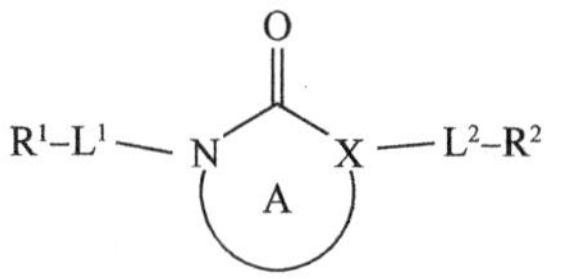

(57) Abstract: A 11 β –hydroxysteroid dehydrogenase 1 inhibitor comprising a compound represented by the formula （1） or a salt thereof or a prodrug of the compound or salt. The inhibitor has an excellent activity and is useful as a prophylactic/therapeutic agent for diabetes, insulin resistance, obesity, a lipid metabolic abnormality, hypertension or the like. （1） wherein each symbol is as defied in the description.

(57) 要約: 本発明は、式（1）： ［式中の各記号は、明細書記載と同意義である。］で表される化合物もしくはその塩またはそのプロドラッグを含有してなる、１１β－ヒドロキシステロイドデヒドロゲナーゼ１阻害剤に関する。本発明の11β-ヒドロキシステロイドデヒドロゲナーゼ1阻害剤は、優れた活性を有し、糖尿病、インスリン抵抗性、肥満、脂質代謝異常、高血圧などの予防・治療剤等の医薬として有用である。

图 4-7　WO2006104280A1 说明书附图

（7）US6313146B1

专利权人：NPS 药物有限公司、布赖汉姆妇女医院。

申请日：1991/08/23。

目前状态：期限届满，部分同族专利的状态尚未确认。

技术简介：本发明涉及无机离子受体在细胞和身体过程中的不同作用。本发明的特征在于：①可以调节一种或多种无机离子受体活性的分子，优选该分子可以模拟或阻断细胞外离子对具有无机离子受体的细胞的作用，更优选该细胞外离子是 Ca^{2+} 和作用于具有钙受体的细胞；②无机离子受体蛋白及其片段，优选钙受体蛋白及其片段；③编码无机离子受体蛋白及其片段的核酸，优选钙受体蛋白及其片段；④靶向无机离子受体蛋白，优选钙受体蛋白的抗体及其片段；⑤此类分子、蛋白质、核酸和抗体的用途。说明书附图如图 4-8 所示。

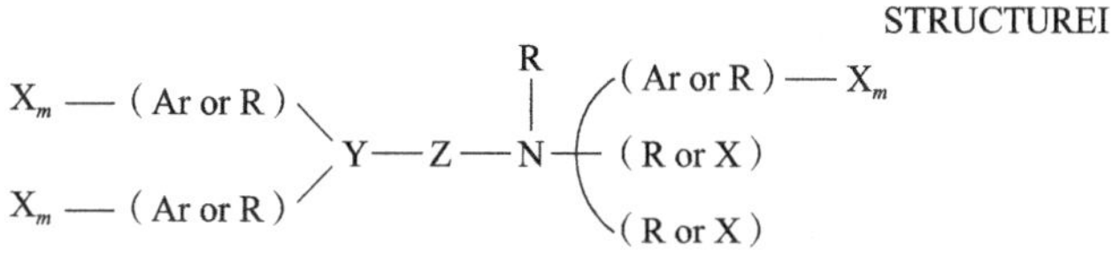

图 4-8　US6313146B1 说明书附图

（8）US20130035334A1

专利权人：药品循环有限责任公司。

申请日：2007/03/28。

目前状态：授权，至少有一个同族专利的状态有效。

技术简介：本文描述了布鲁顿酪氨酸激酶（Btk）的抑制剂。本文还描述了 Btk 的不可逆抑制剂。进一步描述了与 Btk 上的半胱氨酸残基形成共价键的 Btk 不可逆抑制剂。本文进一步描述了其他酪氨酸激酶的不可逆抑制剂，其中其他酪氨酸激酶通过具有与不可逆抑制剂（此类酪氨酸激酶，在本文中称为"Btk 酪氨酸激酶半胱氨酸同源物"）。本文还描述了酪氨酸激酶的不可逆抑制剂，其在酪氨酸激酶的活性位点附近具有可接近的半胱氨酸残基（本文称为"可接近的半胱氨酸激酶"或 ACK）。本文还描述了任何上述酪氨酸激酶的不可逆抑制剂，其中不可逆抑制剂包括迈克尔受体部分。进一步描述了这样的不可逆抑制剂，其中相对于与包含可接近的 SH 部分的其他生物分子形成共价键，迈克尔受体部分优先与所需酪氨酸激酶上的适当半胱氨酸残基形成共价键。本文还描述了合成此类不可逆抑制剂的方法、使用此类不可逆抑制剂治疗疾病（包括其中 Btk 的不可逆抑制为患有该疾病的患者提供治疗益处的疾病）的方法。进一步描述了包含不可逆 Btk 抑制剂的药物制剂。说明书附图如图 4-9 所示。

Call line	Cmpd 1 GI50(UM)
CVIC	0.10
WELLN-1	0.12
FOOH-1	0.12
Vano	0.15
DHLE	0.18
WSU DLCL2	0.50
CHN	0.63
CHL10	3.69
FAITTOS	5.60
F1	> 10.00
V1g	> 10.00
YS	> 10.00
LU	> 10.00

（a）SYBR绿色

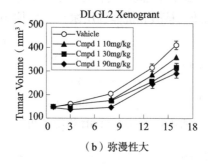

（b）弥漫性大

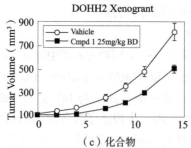

（c）化合物

图 4-9　US20130035334A1 说明书附图

（9）US20050119305A1

专利权人：小野药品工业株式会社。

申请日：2001/03/21。

目前状态：撤回 – 视为撤回，所有同族专利的状态均已失效。

技术简介：一种 IL-6 产生抑制剂，其包含式（I）的异羟肟酸衍生物（其中所有符号与说明书中定义的含义相同）、其等效物、其无毒盐或其前药作为活性成分。由于具有 IL-6 产生抑制活性，式（I）化合物可用于预防和 / 或治疗各种炎性疾病、败血症、多发性骨髓瘤、浆细胞白血病、骨质疏松症、恶病质、银屑病、肾炎、肾细胞癌、卡波西肉瘤、类风湿性关节炎、高丙种球蛋白血症（免疫球蛋白病）、Castleman 病、心房内黏液瘤、糖尿病、自身免疫性疾病、肝炎、结肠炎、移植物抗宿主病、传染病、子宫内膜异位症和实体癌。说明书附图如图 4-10 所示。

（I）

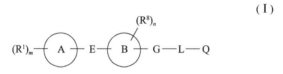

图 4-10　US20050119305A1 说明书附图

（10）US20110288122A1

专利权人：沃泰克斯药物股份有限公司。

申请日：2010/05/20。

目前状态：撤回 – 视为撤回，所有同族专利的状态均已失效。

技术简介：一种治疗人类 CFTR 介导疾病的方法，包括，将化合物 1 施用于具有一种或多种选自 G178R、G551S、G970R、G1244E、S1255P、G1349D、S549N、S549R、S1251N、E193K、F1052V 和 G1069R 的人 CFTR 突变的患者。说明书附图如图 4-11 所示。

（11）US20110257223A1

专利权人：沃泰克斯药物股份有限公司。

申请日：2008/10/23。

目前状态：撤回 – 视为撤回，所有同族专利的状态均已失效。

技术简介：本发明涉及囊性纤维化跨膜电导调节剂（CFTR）的调节剂、其组合物及其方法。本发明还涉及包含式 I 化合物与式 II 化合物和 / 或式 III 化合物中的一种或两种的药物组合物。此外，本发明涉及使用 CFTR 调节剂及其组合物和组合治疗 CFTR 介导的疾病，特别是囊性纤维化的方法。说明书附图如图 4-12 所示。

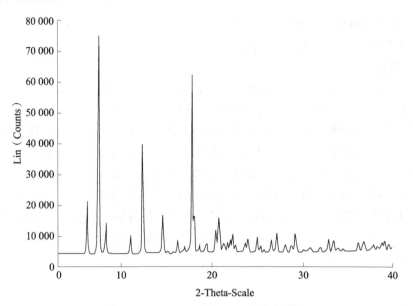

图 4-11　US20110288122A1 说明书附图

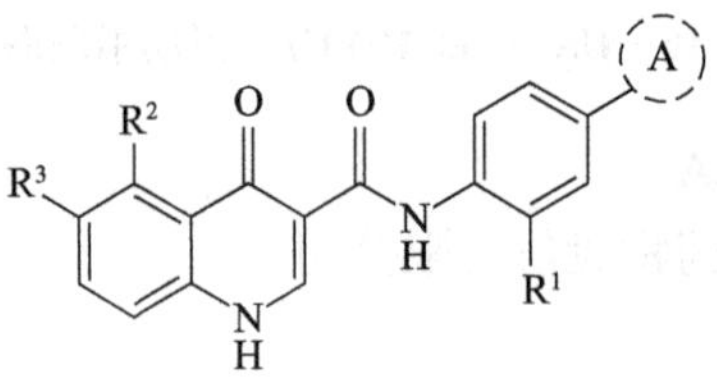

图 4-12　US20110257223A1 说明书附图

（12）US20120270845A1

专利权人：因佛斯特医疗有限公司。

申请日：2010/10/29。

目前状态：授权，至少有一个同族专利的状态有效。

技术简介：公开了包含治疗化合物和药学上可接受的佐剂的药物组合物。治疗化合物可具有抗炎活性。本说明书的其他方面公开了药物组合物，其包含本文公开的治疗化合物、药学上可接受的溶剂和药学上可接受的佐剂。在其他方面，本文公开的药物组合物还包含药学上可接受的稳定剂。

还公开了一种制备药物组合物的方法，该方法包括在允许形成药物组合物的条件下使治疗化合物与药学上可接受的佐剂接触的步骤。本说明书的其他方面公开了一种制备药物组合物的方法，该方法包括以下步骤：a）在允许治疗性化合物溶解在药学上可接受的溶剂中的条件下使药学上可接受的溶剂与治疗性化合物接触，从而形成溶液，其中治疗化合物具有抗炎活性；b）在允许形成药物组合物的条件下，使步骤（a）中形成的溶液与药学上可接受的佐剂接触。在其他方面，本文公开的制备方法还包括：c）从药物组合物中除去药学上可接受的溶剂。说明书附图如图 4-13 所示。

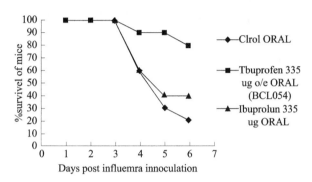

FIG.2A

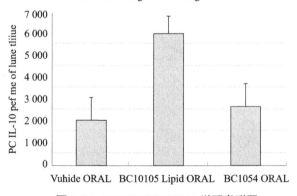

图 4-13　US20120270845A1 说明书附图

（13）US20110160129A1

专利权人：拉尼医疗有限公司。

申请日：2009/12/24。

目前状态：授权，至少有一个同族专利的状态有效。

技术简介：可吞服药物输送装置的实施例 10 及其使用方法可用于递送多种药物，用于治疗多种病症或特定病症（例如，用于治疗 HIV AIDS 的蛋白酶抑制剂）。在使用中，这样的实施例允许患者放弃针对一种或多种特定病症必须服用多种药物的必要性。此外，它们还提供了一种方法，可促进两种或更多种药物的给药方案大约同时递送并吸收到小肠中，从而吸收到血流中。由于化学组成、分子量等的不同，药物通过肠壁吸收的速率不同，从而导致不同的药代动力学分布曲线。本发明的实施例通过基本上同时注射所需的药物混合物来解决这个问题。这反过来又改善了药代动力学，从而改善了所选药物混合物的功效。此外，服用多种药物对患有一种或多种长期慢性疾病的患者特别有益，包括那些认知或身体能力受损的患者。

在各种应用中，上述方法的实施例可用于递送制剂 100 包括药物和治疗剂 101 为多种医疗状况和疾病提供治疗。可以用本发明的实施方案治疗的医学病症和疾病可以包括但不限于：癌症、激素病症（例如，甲状腺机能减退 / 甲状腺功能亢进、生长激素病症）、骨质疏松症、高血压、胆固醇和甘油三酯升高、糖尿病和其他葡萄糖调节障碍、感染（局部或败血症）、癫痫和其他癫痫症、骨质疏松症、冠状动脉心律失常（心房和心室）、冠状动脉缺血性贫血或其他类似病症。还考虑了其他病症和疾病。说明书附图如图 4-14 所示。

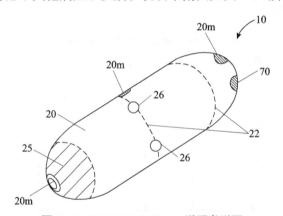

图 4-14　US20110160129A1 说明书附图

（14）US20120190647A1

专利权人：塔尔制药有限公司。

申请日：2009/07/31。

目前状态：未缴年费，至少有一个同族专利的状态有效。

技术简介：包括唑来膦酸与氨基酸的水溶液复合物，包括但不限于腺嘌呤、甘氨酸和天冬酰胺、组氨酸、精氨酸和脯氨酸的旋光异构体。优选的氨基酸包括但不限于适用于共制剂的烟酰胺、腺嘌呤、甘氨酸、L-天冬酰胺、DL-

天冬酰胺、L-组氨酸、DL-组氨酸、L-精氨酸、DL-精氨酸、L-脯氨酸和 DL-脯氨酸在口服剂型中，作为溶液、悬浮液或胶囊中的溶液，醚掺入凝胶结构或聚合物基质中。这些药物制剂包含治疗有效量的至少一种根据本发明的唑来膦酸溶液复合物和至少一种药学上可接受的载体（在本领域中也称为药学上可接受的赋形剂）。唑来膦酸的新型分子复合物在治疗上可用于治疗和 / 或预防与骨质疏松症、肿瘤诱导的高钙血症（TIH）或上述佩吉特氏病相关的疾病状态。因此，本发明还涉及使用本发明的唑来膦酸的新型分子复合物或包含它们的药物制剂的治疗方法。药物制剂通常包含按重量百分比约为 1% ～ 99% 的至少一种本发明的唑来膦酸的新型分子复合物和按重量百分比为 99% ～ 1% 的合适的药物赋形剂。说明书附图如图 4-15 所示。

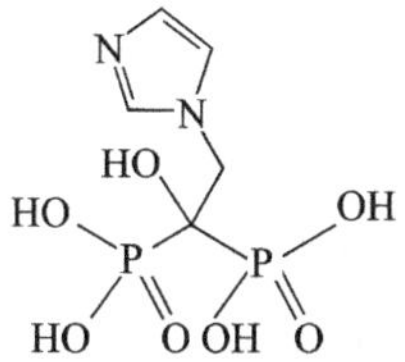

图 4-15　US20120190647A1 说明书附图

（15）US6514983B1

专利权人：卫采股份有限公司。

申请日：1997/09/03。

目前状态：未缴年费，所有同族专利的状态均已失效。

技术简介：本发明涉及核酸酶聚（腺苷 5′- 二磷酸核糖）聚合酶 ["聚（ADP- 核糖）聚合酶"或"PARP"，有时也称为聚（ADP- 核糖）的"PARS"的抑制剂合成酶]。更具体地，本发明涉及 PARP 抑制剂预防和 / 或治疗由细胞损伤引起的组织损伤或坏死或细胞凋亡引起的死亡的用途；缺血再灌注损伤引起的神经组织损伤；神经系统疾病和神经退行性疾病；预防或治疗血管性中风；治疗或预防心血管疾病；治疗其他病症和 / 或病症，例如年龄相关性黄斑变性、艾滋病和其他免疫衰老疾病、关节炎、动脉粥样硬化、恶病质、癌症、涉及复制性衰老的骨骼肌退行性疾病、糖尿病、头部外伤、免疫衰老、炎症性肠病疾病（如结肠炎和克罗恩病）、肌肉萎缩症、骨关节炎、骨质疏松症、慢性和急性疼痛（如神经性疼痛）、肾功能衰竭、视网膜缺血、感染性休克（如内毒素性休克）和皮肤老化；延长细胞的寿命和增殖能力；改变衰老细胞的基因表达；或使缺氧肿瘤细胞放射增敏。说明书附图如图 4-16 所示。

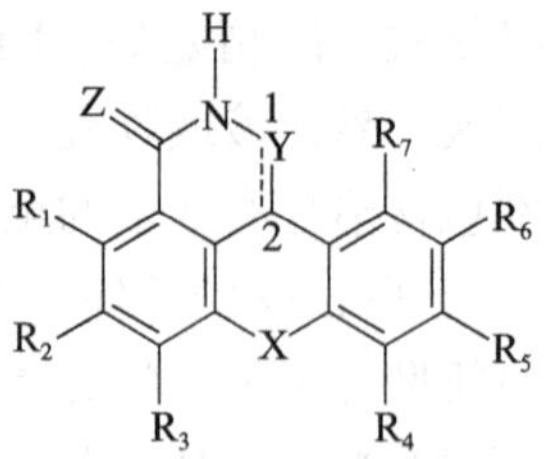

图 4-16　US6514983B1 说明书附图

（16）US20130018071A1

专利权人：沃泰克斯药物股份有限公司。

申请日：2010/03/19。

目前状态：撤回 – 视为撤回，至少有一个同族专利的状态有效。

技术简介：本发明还提供了一种治疗或减轻患者疾病严重程度的方法，包括向所述患者施用本文定义的一种组合物，并且所述疾病选自囊性纤维化、哮喘、烟雾诱发的 COPD、慢性支气管炎、鼻窦炎、便秘、胰腺炎、胰腺功能不全、先天性双侧输精管缺如（CBAVD）引起的男性不育症、轻度肺部疾病、特发性胰腺炎、过敏性支气管肺曲霉病（ABPA）、肝病、遗传性肺气肿、遗传性血色素沉着症、凝血 – 纤维蛋白溶解缺陷，如蛋白 C 缺陷、1 型遗传性血管性水肿、脂质加工缺陷，如家族性高胆固醇血症、1 型乳糜微粒血症、无 β 脂蛋白血症、溶酶体贮积病，如 I 细胞病 / 假 Hurler、黏多糖贮积症、Sandhof/Tay-Sachs，Crigler-NajjarII 型，多内分泌病 / 高胰岛素血症、Di 糖尿病、Laron 侏儒症、髓过氧化物酶缺乏症、原发性甲状旁腺功能减退症、黑色素瘤、聚糖增多症 CDG1 型、先天性甲状腺功能亢进症、成骨不全症、遗传性低纤维蛋白原血症、ACT 缺乏症、尿崩症（DI）、神经突 DI、neprogenic DI、Charcot-MarieTooth 综合征、Perlizaeus-Merzbacher 病、神经退行性疾病，如阿尔茨海默病、帕金森病、肌萎缩性侧索硬化、进行性核上性发育不全、皮克氏病、多种多聚谷氨酰胺神经系统疾病，如亨廷顿舞蹈病、Ⅰ 型脊髓小脑性共济失调、脊髓和延髓肌萎缩症、齿状红核苍白球和强直性肌营养不良，以及海绵状脑病，例如遗传性克雅氏病（由于朊病毒蛋白加工缺陷）、法布里病、施特劳斯勒 – 舍因克综合征、慢性阻塞性肺病、眼干燥症、骨质疏松症、骨质减少、骨愈合和骨质疏松症生长（包括骨修复、骨再生、r 诱导骨吸收和增加骨沉积），Gorham 综合征，氯离子通道病，如先天性肌强直（Thomson 和 Becker 形式），Bartter 综合征Ⅲ型，登特氏病，惊跳过度，癫痫，惊跳过度，溶酶体贮积病，Angelman 综合征和原发性纤毛运动障碍（PCD），说明书附图如图 4-17 所示。

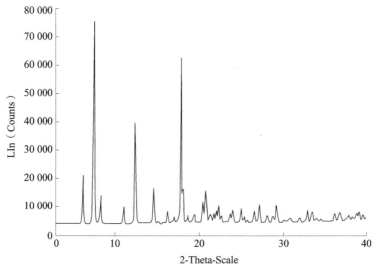

图 4-17　US20130018071A1 说明书附图

（17）US20120258983A1

专利权人：沃泰克斯药物股份有限公司。

申请日：2008/08/13。

目前状态：撤回 – 视为撤回，至少有一个同族专利的状态有效。

技术简介：本发明涉及包含 N-[2,4-双 (1,1-二甲基乙基)-5-羟基苯基]-1,4-二氢-4-氧代喹啉-3-甲酰胺的固体分散体的药物组合物、制备方法本发明的药物组合物，以及施用本发明的药物组合物的方法。说明书附图如图 4-18 所示。

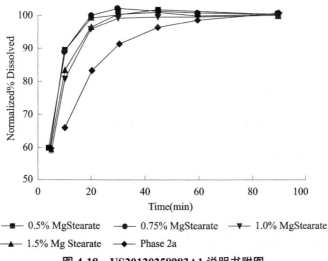

图 4-18　US20120258983A1 说明书附图

（18）US20100305200A1

专利权人：钙医学公司。

申请日：2007/12/12。

目前状态：未缴年费，所有同族专利的状态均已失效。

技术简介：本文还描述了一种治疗哺乳动物疾病、病症或病症的方法，该方法将受益于钙库操纵钙通道活性的抑制，包括向哺乳动物施用式（Ⅰ）、式（Ⅱ）、式（Ⅲ）的化合物，式（Ⅳ）、式（Ⅴ）或式（Ⅵ）或其药学上可接受的盐、药学上可接受的溶剂化物或药学上可接受的前药。一方面，式（Ⅰ）、式（Ⅱ）、式（Ⅲ）、式（Ⅳ）、式（Ⅴ）或式（Ⅵ）的化合物调节以下物质的活性、调节以下物质的相互作用或与其结合或相互作用哺乳动物 STIM1 蛋白，或哺乳动物 STIM2 蛋白。在一个实施方案中，哺乳动物的疾病、病症或病症选自涉及炎症、肾小球肾炎、葡萄膜炎、肝病或病症、肾病或病症、慢性阻塞性肺病、类风湿性关节炎、炎性肠病、血管炎的疾病 / 病症、皮炎、骨关节炎、炎症性肌肉病、过敏性鼻炎、阴道炎、间质性膀胱炎、硬皮病、骨质疏松症、湿疹、器官移植排斥、同种异体或异种移植、移植物排斥、移植物抗宿主病、红斑狼疮、Ⅰ型糖尿病、肺纤维化、皮肌炎、甲状腺炎、重症肌无力、自身免疫性溶血性贫血、囊性纤维化、慢性复发性肝炎、原发性胆汁性肝硬化、过敏性结膜炎、肝炎和特应性皮炎、哮喘、银屑病、多发性硬化症、干燥综合征、癌症等增殖性疾病、自身免疫性疾病或障碍。说明书附图如图 4-19 所示。

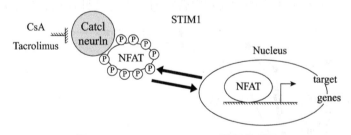

图 4-19　US20100305200A1 说明书附图

（19）US5688938A

专利权人：NPS 药物有限公司，布赖汉姆妇女医院。

申请日：1991/08/23。

目前状态：期限届满，部分同族专利的状态尚未确认。

技术简介：本发明涉及无机离子受体在细胞和身体过程中的不同作用。本发明的特征在于：①可以调节一种或多种无机离子受体活性的分子，优选该分子可以模拟或阻断细胞外离子对具有无机离子受体的细胞的作用，更优选该细胞外离子是 Ca^{2+} 和作用于具有钙受体的细胞；②无机离子受体蛋白及其片段，优选钙受体蛋白及其片段；③编码无机离子受体蛋白及其片段，优选钙受体蛋白及其片段的核酸；④靶向无机离子受体蛋白，优选钙受体蛋白的抗体及其片段；⑤此类分子、蛋白质、核酸和抗体的用途。说明书附图如图 4-20 所示。

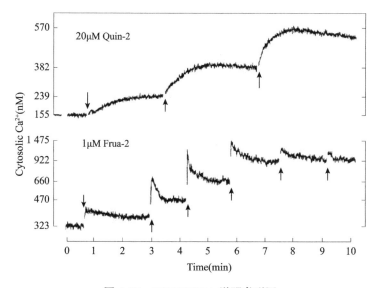

图 4-20　US5688938A 说明书附图

4.2　骨与关节退行性疾病技术领域

4.2.1　技术路线分析

首先将骨与关节退行性疾病专利文献按申请年份划分为五个阶段，从各个阶段中查取同族数量大、引用数量大的专利文献，人工阅读并归纳各阶段重点改进的技术方向，形成如图 4-21 所示的骨与关节退行性疾病技术发展路线。由图 4-21 可知，2000 年之前，骨与关节退行性疾病非常注重抑制剂的研发，以抑制损伤软骨的酶与超氧化物自由基的产生，改善关节功能，延缓疾病进程为主；2001—2005 年，骨与关节退行性疾病领域以改进装置的结构，提高装置的操作性、舒适性为主；2006—2010 年，骨与关节退行性疾病领域以缓解疼痛、促进新陈代谢、改善微循环为主；2011—2015 年，骨与关节退行性疾病领域从经济角度出发，以降低成本为主；2016—2020 年，骨与关节退行性疾病领域考虑安全性，以获得无毒副作用为主。

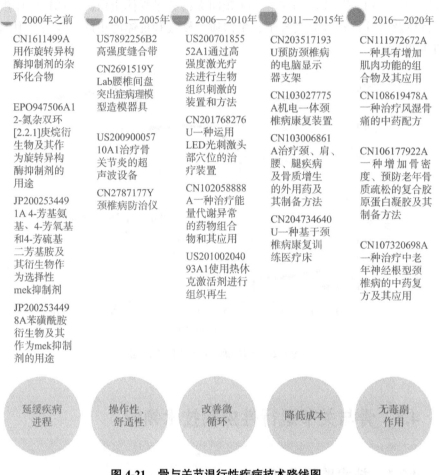

图 4-21　骨与关节退行性疾病技术路线图

4.2.2　重点专利分析

4.2.2.1　涉诉专利（限中国）

表 4-4 示出了骨与关节退行性疾病侵权诉讼专利（限中国）的情况，包括公开（告）号、标题、申请日、申请（专利权）人以及专利有效性。

表 4-4　骨与关节退行性疾病侵权诉讼专利（中国）

序号	公开（告）号	标题	申请日	申请（专利权）人	专利有效性
1	CN303051484S	多功能筋骨复位锤	2014/07/07	王玉贞	有效
2	CN102030765A	以醚键结合的卟啉二聚体盐及其制造方法	2009/09/28	上海光声制药有限公司	有效
3	CN101267774A	手术钻头、手术钻头组、用于切割骨骼的系统以及移除骨骼的方法	2006/09/22	亚普乔纳斯·霍格兰德	部分无效
4	CN101496691A	一种保健枕头	2009/02/23	杜艳芹	失效
5	CN1524082A	作为治疗或预防糖尿病的二肽基肽酶抑制剂的 β-氨基四氢咪唑并 (1,2-A) 吡嗪和四氢三唑并 (4,3-A) 吡嗪	2002/07/05	先灵公司	失效
6	CN204246287U	一种新型颈椎牵引器	2014/11/04	袁慧	失效

4.2.2.2　无效后仍维持有效的专利

表 4-5 列出了经过无效后人保持有效的中国专利，这些专利稳定性较好，技术运用时应加以重视，避免专利侵权。技术运用时应加以重视，避免专利侵权。

表 4-5　骨与关节退行性疾病无效后仍维持有效的专利（中国）

序号	公开（公告）号	标题	申请日	申请（专利权）人
1	CN101267774A	手术钻头、手术钻头组、用于切割骨骼的系统以及移除骨骼的方法	2005/09/23	亚普乔纳斯·霍格兰德
2	CN204245782U	双蝶形护颈枕头	2014/11/21	沈彤
3	CN102612368A	治疗增殖性障碍和其它由 BCR-ABL、C-KIT、DDR1、DDR2 或 PDGF-R	2009/11/17	诺华公司
4	CN102438468B	富含低含量植烷酸的 ω-3 脂肪酸的组合物	2009/04/17	纳塔克制药有限公司
5	CN213284146U	弹力颈椎牵引治疗器	2020/05/22	王义静

4.2.2.3　其他重点专利

表 4-6 示出了基于同族数量（大于 70 件）和被引用数量（大于 1 次）确定的骨与关节退行性疾病技术领域重点专利的信息。

表 4-6　骨与关节退行性疾病技术领域重点专利

序号	公开（告）号	标题	被引用次数 / 次	同族数量 / 件
1	US20080167657A1	可扩展支撑装置和使用方法	465	2
2	US20030120183A1	辅助服	464	4
3	US20040024399A1	修复受损椎间盘的方法	299	425
4	US20080319549A1	可扩展支撑装置和使用方法	229	5
5	US7189240B1	脊柱手术的方法和装置	183	4
6	US20030069639A1	用于修复或更换关节和软组织的方法和组合物	160	4
7	US20030220695A1	腰椎后路手术椎间盘假体	146	4
8	US7892256B2	高强度缝合带	141	21
9	US20040077667A1	喹唑啉酮衍生物	128	10
10	WO2006135479A2	抗瘢痕形成剂、治疗组合物及其用途	123	9
11	US7789841B2	治疗结缔组织的方法和装置	119	31
12	US20030014118A1	用于加强纤维环的植入物	95	136
13	US20100042137A1	针灸和指压疗法	86	4
14	US8772267B2	脊柱机械痛的治疗	84	3
15	US20070162137A1	椎间盘植入物	82	7
16	US7896879B2	脊柱韧带修饰	81	14
17	US20050085543A1	通过施用肌酸治疗骨骼或软骨疾病的方法	80	13
18	WO2008112561A1	减轻疼痛相关病症的联合疗法	78	3

（1）US20080167657A1

专利权人：斯托特药物集团公司。

申请日：2007/12/31。

目前状态：撤回 – 视为撤回，所有同族专利的状态均已失效。

技术简介：一种方法，该方法可以在相邻的骨骼例如椎骨之间植入可扩张的支撑装置。这种侵入性较小的治疗方法可以增加脊柱的高度并为脊柱提供机械支撑。这种方法和相关设备可以减少对软组织的创伤，减少对脊柱韧带的破坏，增加脊柱稳定性。可膨胀支撑装置可用作脊柱提升装置。可膨胀支撑装置还可以用作可膨胀空间产生器，例如在两个或多个骨头（例如椎骨）之间。说明书附图如图 4-22 所示。

（2）US20030120183A1

专利权人：SIMMONS，JOHN C.。

申请日：2000/09/20。

目前状态：授权，至少有一个同族专利的状态有效。

技术简介：一种装置和方法，用于帮助坐轮椅的人和其他肢体无法控制

的人行走、爬楼梯、坐在普通椅子上、使用普通浴室设施并与同龄人一起站在
正常高度。它还提供了一种加速受伤者康复的方法，以及提供一种更舒适和有
效的假肢，同时提供卓越的物理治疗，而不用耗费专业资源，包括新的模拟和
训练方法。大多数设备都可以满足患者穿着普通衣服，让他们可以正常穿戴。
其他改进包括改进的执行器设计、用户界面、视觉方式和先进的响应式虚拟现
实。说明书附图如图 4-23 所示。

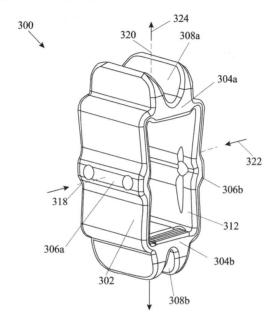

图 4-22　US20080167657A1 说明书附图

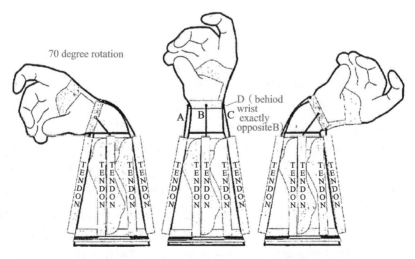

图 4-23　US20030120183A1 说明书附图

（3）US20040024399A1

专利权人：亚瑟罗凯尔公司。

申请日：1995/04/13。

目前状态：未缴年费，部分同族专利的状态尚未确认。

技术简介：通过消融椎间盘组织来治疗椎间盘的设备和方法。本发明的方法是将至少一个有源电极定位在椎间盘内，并在有源电极和一个或多个返回电极之间施加至少第一高频电压，其中髓核的体积减小，降低了髓核对纤维环的压力，减轻了患者的椎间盘源性疼痛。在其他实施例中，将弯曲的或可操纵的探针引导至要治疗的椎间盘内的特定目标部位，并且通过在有源电极和返回电极之间施加至少第一高频电压来消融目标部位处的椎间盘组织。说明书附图如图 4-24 所示。

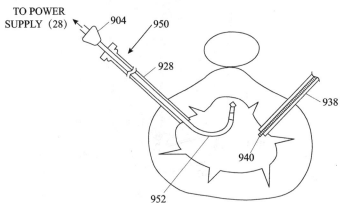

图 4-24 US20040024399A1 说明书附图

（4）US20080319549A1

专利权人：斯托特药物集团公司。

申请日：2008/06/13。

目前状态：撤回 – 视为撤回，所有同族专利的状态均已失效。

技术简介：一种方法，该方法可以包括将可扩张的支撑装置植入在相邻的骨（例如椎骨）之间。这种侵入性较小的治疗方法可以增加脊柱的高度，并在脊柱中提供机械支撑。该方法和相关装置可以减少对软组织的创伤并减少对脊椎韧带的破坏，从而增加脊柱稳定性。可扩张的支撑装置可以用作脊椎提升装置。可膨胀支撑装置还可以用作可膨胀空间的创造者，例如在两个或多个骨骼（例如椎骨）之间。该方法还可以包括感测压缩的可膨胀支撑装置，然后进一步压缩已被压缩的可扩展支撑装置。感测可以包括可视化，例如通过 MRI、CT 扫描、放射性对比可视化，直接可视化，光纤可视化或其组合。该方法还可以包括在最初扩展和可视化可扩展支撑装置之后进一步扩展可扩展支撑装置。说明书附图如图 4-25 所示。

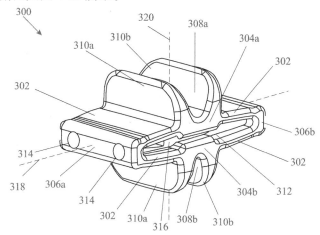

图 4-25　US20080319549A1 说明书附图

（5）US7189240B1

专利权人：科丰公司。

申请日：1999/08/01。

目前状态：未缴年费，所有同族专利的状态均已失效。

技术简介：一种治疗椎管狭窄症的方法，将锉刀穿过一部分脊髓通道，然后轴向移动，以便锉刀去除脊髓通道中的狭窄。可选地，护罩保护脊髓或脊髓通道中的其他敏感组织。说明书附图如图 4-26 所示。

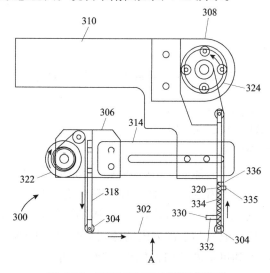

图 4-26　US7189240B1 说明书附图

（6）US20030069639A1

专利权人：REGENERATION TECH。

申请日：2001/04/14。

目前状态：撤回 – 视为撤回，所有同族专利的状态均已失效。

技术简介：用于增强或恢复胶原组织的机械功能的方法和植入物。具体示例是用已经用生长因子和糖胺聚糖增强的同种异体、异种或两者的髓核替代或修复内源性髓核注射到弱化的椎间盘中。还公开了一种用于恢复受损脊柱的机械功能的植入物。此外，还公开了通过输注选定的干细胞和其他修复材料来增加受损髓核的细胞外基质和细胞含量的方法和产品。所公开的方法和产品适用于修复与关节连接相关的所有软组织或硬组织。说明书附图如图 4-27 所示。

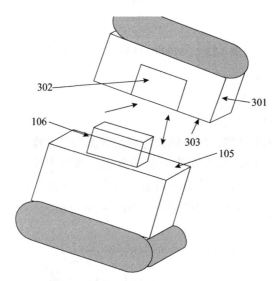

图 4-27　US20030069639A1 说明书附图

（7）US20030220695A1

专利权人：ORTHOPLEX，LLC。

申请日：2000/09/26。

目前状态：撤回 – 视为撤回，所有同族专利的状态均已失效。

技术简介：一种合成椎间盘假体，用于插入脊柱中，例如从后面插入腰椎脊柱中，以修复退化的自然脊柱椎间盘。用于定位在一对相邻椎骨（V）之间和自然纤维环（12）或其剩余部分内的体间空间中的假体椎间盘，包括柔性细长外环构件（22）和可扩展的内核构件（24）。外环构件（22）适于通过肌腱切开开口（16）被引入躯体间空间并跟随天然纤维环（12）的内壁以便在其中与环形成闭合环限定腔室（20）。内核构件（24）适于在脱水状态下也通过腱切开开口（16）和外环构件（22）被引入躯体间空间，然后水合以延伸到腔室（20）的外围直到外环构件（22）。外环构件（22）和内核构件（24）都是水凝胶。外环部件（22）在被引入到体细胞间空间中时被向外偏置，使得它跟随天然纤维环（12）的内壁。外环构件（22）的自由端从闭合环向外延伸并进入肌腱切开开口中以将其密封。说明书附图如图 4-28 所示。

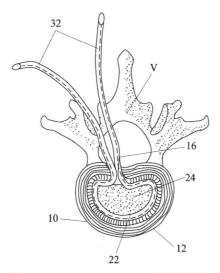

图 4-28　US20030220695A1 说明书附图

（8）US7892256B2

专利权人：阿思雷克斯公司。

申请日：2001/09/13。

目前状态：期限届满，至少有一个同族专利的状态有效。

技术简介：缝合带结构由编织高强度手术缝合材料制成。一段圆形编织缝合线沿着缝合带的整个长度延伸。缝合带的中部具有添加至圆形编织缝合线的扁平编织物。缝合线集中并入扁平编织物中，为结构提供主干。扁平编织物两端的过渡部分呈锥形，以便缝合带在外科手术过程中轻松穿过开口。缝合带是与一种或多种长链合成聚合物、优选聚酯的纤维混合的超高分子量聚乙烯纤维的编织结构。缝合带适用于高要求的骨科修复，例如肩锁关节分离的关节镜重建。说明书附图如图 4-29 所示。

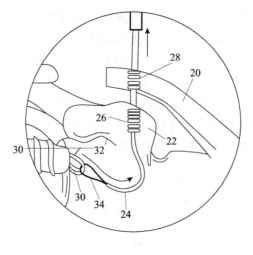

图1

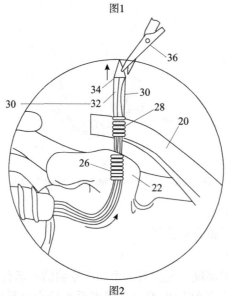

图2

图 4-29　US7892256B2 说明书附图

（9）US20040077667A1

专利权人：藤泽药品工业股份有限公司。

申请日：2000/12/11。

目前状态：放弃 – 未指定类型，所有同族专利的状态均已失效。

技术简介：一种由式（Ⅰ）表示的具有聚（腺苷 5-二磷酸核糖）聚合酶
（PARP）抑制活性的喹唑啉酮衍生物，其中 R1 为任选取代的环状氨基或任选取代的氨基，R2 为取代基，n 为整数 0～4，L 为低级亚炔基或低级亚烯基，或其前药，或它们的盐。

　　所述的药物组合物，用于治疗或预防细胞损伤引起的组织损伤或坏死或细胞凋亡引起的死亡；由缺血和再灌注损伤、神经系统疾病和神经退行性疾病引起的神经组织损伤；神经退行性疾病；头部外伤；中风；阿尔茨海默氏病；帕金森病、癫痫；肌萎缩型脊髓侧索硬化症（ALS）；亨廷顿舞蹈病；精神分裂症；慢性疼痛；缺氧后的局部缺血和 nloss；低血糖；缺血；创伤；神经侮辱；先前缺血的心脏或骨骼肌组织；放射增敏缺氧肿瘤细胞；放射治疗后从潜在致命的 DNA 损伤中恢复的肿瘤细胞；皮肤老化；动脉粥样硬化；骨关节炎；骨质疏松症；肌营养不良症；涉及复制性衰老的骨骼肌退行性疾病；年龄相关性黄斑变性；免疫衰老；艾滋病；其他免疫衰老疾病；炎症性肠病（如结肠炎）；关节炎；糖尿病；内毒素休克；感染性休克；肿瘤。说明书附图如图 4-30 所示。

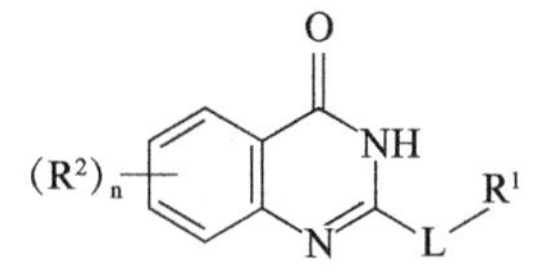

图 4-30　US20040077667A1 说明书附图

（10）WO2006135479A2

专利权人：ANGIOTECH INTERNATIONAL AG。

申请日：2005/05/10。

目前状态：PCT 未进入指定国（指定期满），所有同族专利的状态均已失效。

技术简介：包含抗瘢痕形成剂的装置或植入物、制造此类装置或植入物的方法，以及抑制装置或植入物与装置或植入物周围组织之间的纤维化的方法。本发明还提供了包含抗纤维化剂的组合物，以及它们在各种医学应用中的用途，包括预防手术粘连、治疗炎性关节炎、治疗瘢痕和瘢痕疙瘩、治疗血管疾病和预防软骨损失。说明书附图如图 4-31 所示。

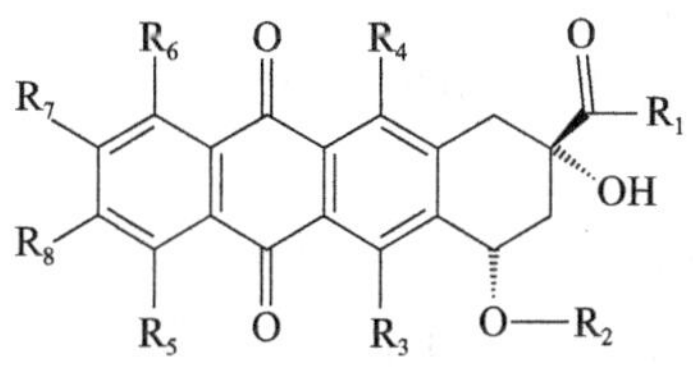

图 4-31　WO2006135479A2 说明书附图

（11）US7789841B2

专利权人：伊爱克斯奥根公司。

申请日：1997/02/06。

目前状态：未缴年费，所有同族专利的状态均已失效。

技术简介：本发明涉及一种通过使受影响的结缔组织经受频率和持续时间足以刺激结缔组织生长、愈合或修复的非侵入性低强度超声，来刺激有需要的哺乳动物结缔组织生长或愈合，或治疗其病理的方法。

本发明还涉及一种通过使受影响的组织经受频率和持续时间足以刺激缺血或移植组织中血管化增加的非侵入性低强度超声，来增加有需要的哺乳动物缺血或移植的组织（不限于结缔组织）中血管化的方法。

一种用于实施本文所述的治疗方法的装置。该装置包括放置模块，该放置模块适于以多种配置将一个或多个换能器固定到其上。然后将放置模块固定到需要治疗的组织附近的位置，例如在膝盖、臀部、脚踝、肩部、肘部或手腕处，并且驱动换能器发射足以刺激愈合或修复的超声波，或增加血管化。此外，本发明还提供具有放置模块的实施例，该放置模块包含锁定结构，用于将正在接受治疗的关节的关节骨锁定在特定位置。该实施例防止患者在治疗期间移动他的四肢，例如，相对于胫骨移动股骨。

一种用于相对于关节定位一个或多个超声换能器以对其进行超声治疗的设备。该设备具有覆盖构件，该覆盖构件适于覆盖关节或相邻身体构件的至少一部分并被固定其中，覆盖构件包括一个或多个接收区域，该接收区域适于将一个或多个超声换能器组件接收和保持在相对于关节或相邻主体构件的一个或多个固定位置。

由于本发明在促进愈合方面的广泛适用性，本文所述的方法和装置可用于治疗具有广泛问题的患者，例如创伤、组织机能不全、疼痛、术后愈合、退行性疾病（如骨关节炎）等问题。此外，因为本发明是便携式的，不需要延长治疗时间，并且设计为易于使用和定位的超声换能器，患者将更有可能正确且充分地使用该技术以从中受益。说明书附图如图4-32所示。

（12）US20030014118A1

专利权人：INTRINSIC THERAPEUTICS。

申请日：1999/08/18。

目前状态：期限届满，至少有一个同族专利的状态有效。

技术简介：通过修复和/或增强而不是切除椎间盘的软组织来减少诸如椎间盘突出的背部损伤的长期负面后果。本发明的一个目的是防止或减少手术治疗椎间盘突出后再次突出和椎间盘高度下降的发生。本发明的另一个目的是增加 AF 对 NP 材料后部膨胀和泄漏的抵抗力，同时优选地增加其在负载下的刚度。本发明的另一个目的是允许以这样一种方式增强椎间盘的软组织，从而限制任何增强材料向椎间盘后部的神经结构突出的风险。本发明的另一个目的是保护环外层中的敏感神经纤维免受核内压力的影响。

　　提供了一种体内增强的功能性脊柱单元。增强的功能性脊柱单元包括两个相邻的椎骨和椎间盘，由被纤维环包围并位于椎骨之间的椎间盘空间中的中心区域和位于椎间盘空间内的椎间盘突出约束装置组成。椎间盘突出约束装置包括固定连接到相邻椎骨或纤维环之一的前部并通过连接构件连接到支撑构件的锚定器。支撑构件定位在中心区域的后面，优选在纤维环内部或后部。在一个实施例中，功能性脊柱单元的中心区域包含髓核。在本发明的另一个实施例中，连接构件被保持在锚和支撑构件之间的张力下。在又一个实施例中，增强材料沿连接构件长度方向的至少一部分固定，其用于辅助椎间盘在支撑和分离椎骨方面的功能，并允许一节椎骨相对于另一节椎骨运动。说明书附图如图 4-33 所示。

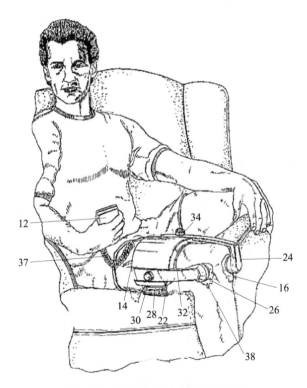

图 4-32　US7789841B2 说明书附图

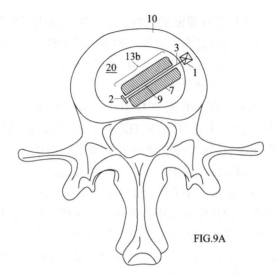

FIG.9A

图 4-33　US20030014118A1 说明书附图

（13）US20100042137A1

专利权人：COMGENRX。

申请日：2008/02/19。

目前状态：撤回－视为撤回，所有同族专利的状态均已失效。

技术简介：本发明描述了一种用于针灸治疗的设备、方法和试剂盒。所述装置、方法和试剂盒可以延长感觉舒适的时间，还可能不需要专业医生来定位穴位。这些方法融合了东方、西方的方法，采用穴位注射的方式和针灸软组织注射的思想体系。另一个目的是在身体上注射、植入或输注多个穴位以获得治疗效果，不仅是传统针灸所识别的穴位，还有根据传统西方皮内方法，即在更浅的深度，覆盖发炎或受损的关节、滑囊、肌腱、神经、肌肉、韧带、肌腱、附着点和其他软组织结构的穴位。另外，针灸和穴位按压的元素是通过将针刺与注射施加压力的体积流体相结合而结合的。

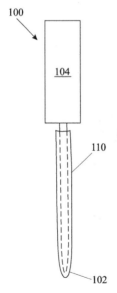

**图 4-34　US20100042137A1
说明书附图**

本发明还描述了一种治疗疼痛和促进健康的方法，该方法涉及选择药剂的注射或植入点，并在穴位或其邻近区域注射、输注或植入装置或药剂制剂。疼痛缓解或非疼痛状态的缓解可以在几分钟内获得，持续时间从几分钟到几个小时不等，在某些情况下甚至几天。该治疗方法可能有效治疗急性和慢性内脏、躯体、炎症、术后和神经性疼痛，以及局部和 / 或全身的肌肉疼痛和僵硬以及关节疼痛和僵硬，即使在非疼痛的情况下也能促进健康。实例表明，人类患者在多种情况下都能缓解疼痛，包括关节、肌肉和肌腱疼痛，关节、肌肉及肌腱不动，炎性疼痛、术后疼痛、头痛、神经病变、骨关节炎和自身免疫性疾病，以及在非疼痛状况下促进健康，如唾液溢、恶心、嗜睡、过敏及情绪和睡眠障碍。

（14）US8772267B2

专利权人：纽约大学。

申请日：2002/07/24。

目前状态：未缴年费，所有同族专利的状态均已失效。

技术简介：一种治疗慢性脊柱机械性疼痛的方法，包含：向需要慢性脊柱机械性疼痛缓解的受试者施用有效量的双膦酸盐，其有效提供慢性脊柱机械性疼痛缓解，其中双膦酸盐是氨基双膦酸盐。

涉及静脉内双膦酸盐在患有由退行性椎间盘疾病（DDD）和其他机械原因引起的慢性机械性背痛的患者中的新治疗用途，即那些排除因转移性疾病或骨质疏松症引起的骨折的病症。现已令人惊讶地发现，将有效量的双膦酸盐静脉内给予需要缓解慢性脊柱机械性疼痛的受试者会导致受试者经历长时间的疼痛缓解，远远超过双膦酸盐的镇痛特性，例如已知帕米膦酸盐是有效的。这种治疗慢性脊柱机械性疼痛的新方法，简单、有效，不需要长期给药，也不需要手术或侵入性程序。这一发现令人惊讶和出人意料，因为从未有报道称帕米膦酸盐的镇痛作用持续时间超过 2 ～ 3 周（并且仅在转移性癌症骨痛的患者中）。在本发明中，接受双膦酸盐治疗的患者在治疗后 6 个月或更长时间没有慢性脊柱疼痛。可以认为这些患者的脊椎疼痛已得到有效治愈。

（15）US20070162137A1

专利权人：KLOSS HENNING。

申请日：2003/12/31。

目前状态：撤回 – 视为撤回，所有同族专利的状态均已失效。

技术简介：涉及椎间盘植入物，其模仿自然的运动自由度并促进椎间盘相对于基板的平移和 / 或旋转位移，而与基板相对于椎间盘的可能位移无关。为了实现所述位移，椎间盘通过位于植入物内部的固定元件安装在基板上，从而可以发生平移和 / 或旋转位移。此外，顶板与椎间盘之间的接触面为球形，从而最大限度地增加了接触面。说明书附图如图 4-35 所示。

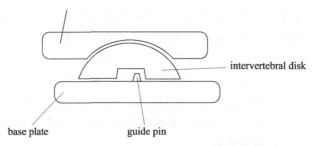

图 4-35　US20070162137A1 说明书附图

（16）US7896879B2

专利权人：VERTOS MEDICAL，INC.。

申请日：2004/07/29。

目前状态：授权，至少有一个同族专利的状态有效。

技术简介：一种治疗脊柱狭窄的方法，包括经皮进入感兴趣狭窄区域的硬膜外腔，压缩感兴趣区域的硬膜囊以形成安全区，将组织去除工具插入工作区的组织中，使用经皮减少狭窄的工具；以及在至少部分缩小步骤期间利用成像来可视化工具的位置。一种用于进行经皮手术的组织切除系统，包括插管，该插管包括具有在其一侧限定孔的远端的组织穿透构件、可滑动地接收在插管上或插管中的闭塞构件，并且当闭塞构件相邻时关闭该孔套管远端，用于通过孔接合相邻组织的装置，以及用于切除接合组织的一部分的切割装置。说明书附图如图 4-36 所示。

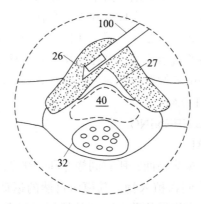

图 4-36　US7896879B2 说明书附图

（17）US20050085543A1

专利权人：澳泽化学特罗斯特贝格有限公司。

申请日：1998/07/28。

目前状态：撤回 – 视为撤回，所有同族专利的状态均已失效。

技术简介：用于治愈由外伤或手术引起的动物和人类的骨或软骨组织中的缺陷的方法、组合物和组合物的用途。该方法包括施用肌酸化合物，包括其类似物或药学上可接受的盐。根据该方法的治疗加快了由外伤或手术引起的动物和人类骨或软骨组织缺陷的愈合过程，包括人工植入物的接受和粘合。肌酸化合物的治疗可以治疗病患，预防健康的人，也可以治疗老年人的老年病。说明书附图如图 4-37 所示。

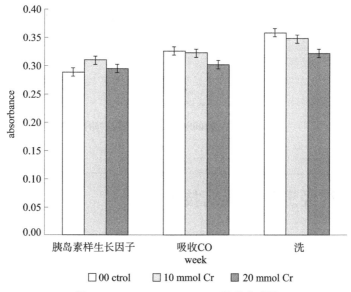

图 4-37　US20050085543A1 说明书附图

（18）WO2008112561A1

专利权人：辉达斯医学研究所。

申请日：2007/03/09。

目前状态：PCT 未进入指定国（指定期满），所有同族专利的状态均已失效。

技术简介：用于减轻受试者身体不适和 / 或疼痛相关病症的组合物和方法，其包含一种或多种改善血液循环的成分、一种或多种减轻疼痛的成分和一种或多种增强骨骼健康的成分。成分选自合成化合物、天然产物、天然成分、天然成分的提取物或它们的组合。本发明的组合物特别适用于减轻肌肉骨骼疼痛和神经相关疼痛。说明书附图如图 4-38 所示。

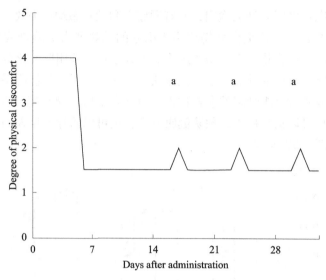

图 4-38　WO2008112561A1 说明书附图

4.3　神经退行性疾病技术领域

4.3.1　技术路线分析

　　将神经退行性疾病专利文献按申请年份划分为五个阶段，从各个阶段中查取同族数量大、引用数量大的专利文献，人工阅读并归纳各阶段重点改进的技术方向，形成如图 4-39 所示的神经退行性疾病技术发展路线。由图可知，2000 年之前，神经退行性疾病非常关注酶抑制的研发，以及抑制阿尔茨海默氏疾病分泌酶、卡斯帕酶，保护受体拮抗剂的吲哚衍生物、作为 5-HT 受体拮抗剂的吲哚衍生物的研发；2001—2005 年，神经退行性疾病领域以免疫调节为主；2006—2010 年，神经退行性疾病领域以蛋白激酶的抑制剂的研发为主；2011—2015 年，神经退行性疾病领域以快速起效目的为主；2016—2020 年，神经退行性疾病领域更注重算法改进及非侵入性。

2000年之前	2001—2005年	2006—2010年	2011—2015年	2016—2020年
US2001018208A1阿尔茨海默氏疾病分泌酶	US7022849B2喹唑啉和吡啶并[2,3-d]嘧啶磷酸二酯酶(PDE)抑制剂7	US8278334B2具有苯甲酰胺取代基的环胺BACE-1抑制剂	US9414776B2基于患者许可的移动健康关联信息收集和交换系统和方法	US11116976B2高密度硬膜外刺激，用于促进神经损伤后的运动、姿势、自主运动以及自主、性、血管舒缩和认知功能的恢复
EPO808312B15-HT受体拮抗剂的吲哚衍生物	US7375237B2用作抗炎剂的吡咯嗪化合物	US7910590B2具有杂环取代基的环胺bace-1抑制剂	EP3134402B1 4-氨基咪唑喹啉化合物	WO2022081920A1治疗选择的系统和方法
CN1323314A卡斯帕酶抑制剂	EP1732904B1二芳基三唑类作为11-3-羟基类固醇脱氢酶1的抑制剂	US7598245B2A1用作蛋白激酶抑制剂的氨基三唑化合物	US10208120B2抗FGFR2/3抗体及其使用方法	CN113440107A基于语音信号分析的阿尔茨海默症状诊断设备
TWI238164B新的作为5-HT受体拮抗剂的吲哚衍生物	CA2555236C调节细胞因子活性的方法、相关试剂	US8648069B2A15-取代吲只作为激酶抑制剂	US9221804B2ROR γt的仲醇喹啉基调节剂	US10806927B2经皮脊髓刺激：激活运动电路的非侵入性工具
酶抑制	免疫调节	蛋白激酶的抑制剂	快速起效	算法改进、非侵入性

图 4-39　神经退行性疾病技术路线图

4.3.2　重点专利分析

4.3.2.1　涉诉专利（限中国）

　　表 4-7 列出神经退行性疾病诉讼专利（限中国）的情况，包括公开（告）号、标题、申请日、申请（专利权）人，以及目前法律状态。这些诉讼案件涉及合同纠纷、与国家知识产权局的行政诉讼等，没有侵权诉讼专利，可见，涉及神经退行性疾病的产品主要是药物，尽管有巨大的市场需求，但相关专利保护力度较大，侵权情况少。

表 4-7 神经退行性疾病侵权诉讼专利（中国）

序号	公开（公告）号	标题	法律状态/事件	申请（专利权）人	申请日	原告（上诉人）	被告（被上诉人）
1	CN103720709A	包含二氧化氯的细胞凋亡诱导剂及其在制备化妆品或抗衰老或抗肿瘤药物中的用途	实质审查｜诉讼｜复审	刘学武	2013-12-12	1. 刘学武	1. 国家知识产权局
2	CN102429962A	大叶藓提取物的制备方法、提取物及其应用	驳回｜诉讼｜复审	王全福	2010-09-29	1. 蒋毅 2. 樊宏 3. 苏州世林医药技术发展有限公司	1. 王匠舟 2. 上海颐岭投资管理咨询有限公司 3. 苏州颐华生物医药技术股份有限公司
3	CN101683387A	一种药物及其制备方法与应用	授权｜诉讼	广州市香雪制药股份有限公司	2008-09-27	1. 广州市香雪制药股份有限公司	1. 罗国安 2. 王义明 3. 靖雨珍 4. 李航
4	CN106310133A	治疗抑郁、抗焦虑、抗失眠和缓解老年痴呆的中药及药枕	驳回｜诉讼	山东畅叙生物科技股份有限公司	2016-09-29	1. 胡红节	1. 国家知识产权局
5	CN101732394A	治疗抑郁、精神病（精神分裂症）的藏族药物及备制	驳回｜诉讼｜复审	羊敏	2008-11-07	1. 羊敏	1. 国家知识产权局专利复审委员会

续表

序号	公开（公告）号	标题	法律状态/事件	申请（专利权）人	申请日	原告（上诉人）	被告（被上诉人）
6	CN1173707C	一种含野黄芩武和咖啡酰奎宁酸的药用组合物	未缴年费|诉讼|质押|许可	深圳市金沙江投资有限公司	2001-04-23	1. 潘锡平 2. 深圳市金沙江投资有限公司	1. 深圳市金沙江投资有限公司 2. 云南生物谷药业股份有限公司 3. 潘锡平
7	CN103602590B	液态发酵制取功能性红曲菌丝体和发酵液的方法及制品	授权|诉讼|专权利转移	广东省真红生物科技有限公司	2013-09-29	1. 东莞市天益生物工程有限公司 2. 东莞市天益生物工程有限公司	1. 杨晓墩 2. 东莞市天益生物发酵技术有限公司 3. 杨晓墩
8	CN101061140B	单价结合 CD40L 的组合物和应用方法	授权|诉讼|复审	多曼提斯有限公司	2005-09-16	1. 创×× 转基因技术有限公司	1. 湖北×× 农业集团有限公司
9	CN100536837C	鲨肌醇在制备诊断试剂中的用途	授权|诉讼	乔安妮·麦克劳林	2004-02-27	1. 乔安妮·麦克劳林	1. 国家知识产权局专利复审委员会

序号	公开（公告）号	标题	法律状态/事件	申请（专利权）人	申请日	原告（上诉人）	被告（被上诉人）
10	CN1330339C	一种治疗脑萎缩的药物及其制备方法	授权|诉讼|权利转移	广西强寿药业集团有限公司	2005-02-03	1. 于岛	1. 沈阳市鑫德华新药特药大药房
							2. 广西强寿药业集团有限公司
							3. 辽宁北方报业传媒股份有限公司
							4. 沈阳闽达传媒广告有限公司
						2. 于岛	5. 沈阳市鑫德华新药特药大药房
							6. 广西强寿药业集团有限公司
							7. 辽宁北方报业传媒股份有限公司
							8. 沈阳闽达传媒广告有限公司
						3. 于岛	9. 沈阳和堂大药房有限公司中华路店
							10. 广西强寿药业集团有限公司
							11. 辽宁北方报业传媒股份有限公司
							12. 沈阳闽达传媒广告有限公司

续表

序号	公开（公告）号	标题	法律状态/事件	申请（专利权）人	申请日	原告（上诉人）	被告（被上诉人）
11	CN104800648A	一种抗疲劳、抗痴呆和辅助疾病恢复的食品或保健品	驳回|诉讼|复审	辽宁寨香生态农业股份有限公司	2015-05-08	1. 辽宁寨香生态农业股份有限公司 2. 辽宁寨香生态农业股份有限公司	1. 国家知识产权局 2. 国家知识产权局
12	CN108409860B	抗人白细胞介素 -4 受体 α 单克隆抗体、其制备方法和应用	授权|诉讼|权利转移	三生国健药业（上海）股份有限公司	2017-02-10	1. 三生国健药业（上海）股份有限公司	1. 上海麦济生物技术有限公司 2. 张成海 3. 党尉 4. 朱玲巧

4.3.2.2 无效后仍维持有效的专利

表 4-8 列出了经过无效后仍维持有效的中国专利，该专利稳定性较好，技术运用时应加以重视，避免专利侵权。技术运用时应加以重视，避免专利侵权，同时，可关注它们的法律状态及有效期，在其提前失效或者到期失效后可积极运用。

表 4-8　神经退行性疾病无效后仍维持有效的中国专利

序号	公开（公告）号	标题	申请日	申请（专利权）人	请求人	决定结论
1	CN102002052B	银杏内酯 K 及其复合物及其制备方法与用途	2005-08-25	江苏康缘药业股份有限公司	刘占友	部分无效

4.3.2.3 其他重点专利

表 4-9 示出了基于同族数量（大于 15 件）和被引用数量（大于 35 次）确定的神经退行性疾病技术领域重点专利的信息。

表 4-9　神经退行性疾病技术领域重点专利

序号	公开（公告）号	标题（译）（简体中文）	被引用专利次数／次	简单同族成员数量／件
1	US7618632B2	使用 GITR 配体抗体治疗或改善免疫细胞相关病理学的方法	479	20
2	US20030045552A1	异吲哚酰亚胺化合物、组合物及其用途	478	29
3	US20080311117A1	针对 PD-1 的抗体及其用途	135	24
4	US20050147665A1	药物和营养组合物	127	26
5	US6310099B1	某些 5- 烷基 -2- 芳基氨基苯乙酸和衍生物	108	47
6	US6696464B2	三唑并吡啶类抗炎化合物	91	42
7	US6420427B1	氨基丁酸衍生物	91	18
8	US20130012536A1	atp 结合盒转运蛋白的调节剂	87	21
9	US20100015195A1	可注射长效组合物及其制备方法	76	38
10	US6689922B1	维生素 D 类似物	74	31
11	US20120082636A1	稳定的 α 螺旋肽及其用途	63	49
12	US6645998B2	生育酚、生育三烯酚、其他色满和侧链衍生物及其用途	61	19
13	US20040023290A1	调节酶促过程的新型治疗剂	58	68

续表

序号	公开（公告）号	标题（译）（简体中文）	被引用专利次数/次	简单同族成员数量/件
14	US20050032798A1	2-oxo-1,3,5-perhydrotriazapine 衍生物可用于治疗过度增殖、血管生成和炎症性疾病	56	28
15	US20060229336A1	ccr5 拮抗剂作为治疗剂	55	23
16	US6506796B1	使用 RAR-γ 特异性激动剂配体增加细胞凋亡率	55	21
17	US20030144274A1	炔烃基质金属蛋白酶抑制剂	54	18
18	US7015218B1	酰胺类化合物及其药用用途	52	20
19	US20070092504A1	使用调节 PD-1 与其配体之间相互作用的药物来下调免疫反应	51	17
20	US20140212485A1	布鲁顿酪氨酸激酶抑制剂	51	185
21	US20070100001A1	N-炔丙基-1-氨基茚满的 R-对映异构体、其盐、组合物和用途的用途	49	27
22	US20030069430A1	作为蛋白酪氨酸和作为蛋白丝氨酸/苏氨酸激酶抑制剂的取代的羟吲哚衍生物以及治疗化学疗法和放射疗法副作用的组合物和方法	49	29
23	US20120010257A1	囊性纤维化调节剂跨膜电导调节剂	48	22
24	US6818651B2	（二氢）异喹啉衍生物作为磷酸二酯酶抑制剂	47	19
25	US20120020936A1	使用胎盘干细胞治疗神经退行性疾病	46	45
26	US7022714B2	芳基取代的苯并咪唑及其作为钠通道阻滞剂的用途	44	18
27	US20140066505A1	富马酸二烷基酯的利用	43	54
28	US6903128B2	可用于治疗炎症、自身免疫和呼吸系统疾病的 VLA-4 依赖性细胞结合的非肽基抑制剂	42	45
29	US6462081B1	5-thia-omega- 取代的苯基 - 前列腺素 E 衍生物、其制备方法和含有其作为活性成分的药物	42	22
30	US6780869B1	嘧啶衍生物	42	23
31	US20110091542A1	巴氯芬和右巴氯芬胃滞留药物输送系统	41	20
32	US8318687B2	用于治疗阿尔茨海默病的重组腺相关病毒载体	38	15
33	JP2009503069A	三环苯并咪唑及其作为代谢谷氨酸受体调节剂的用途	37	26

续表

序号	公开（公告）号	标题（译）（简体中文）	被引用专利次数/次	简单同族成员数量/件
34	US6884800B1	用作磷酸二酯酶Ⅶ抑制剂的咪唑化合物	37	28
35	CN101626756A	非粘膜粘着性膜剂型	37	28
36	US8257941B2	使用诱导多能干细胞进行药物发现的方法和平台	36	35
37	US20070232681A1	具有 Crth2 拮抗剂活性的化合物	36	15
38	US6613743B2	天冬氨酰蛋白酶磺胺抑制剂	36	23
39	US7943643B2	芳基取代的吡啶及其用途	35	19
40	US6605634B2	芳基和杂芳基取代的稠合吡咯抗炎剂	35	20
41	US8822411B2	截短的激活素Ⅱ型受体和使用方法	35	31

第 5 章　重点关注创新主体分析

根据前期研究情况，本书重点选取了天津中医药大学、诺华公司、天士力这三家重点关注的创新主体进行分析。

5.1　天津中医药大学

5.1.1　天津中医药大学概况

5.1.1.1　基本概况

天津中医药大学始建于 1958 年，原名天津中医学院。2006 年更名为天津中医药大学。2017 年，学校进入世界一流大学和一流学科建设高校行列。2020 年，学校成为天津市人民政府、教育部、国家中医药管理局共建高校。2022 年，学校成为第二轮"双一流"建设高校。学校是原国家教委批准的唯一一所中国传统医药国际学院，是世界中医药学会联合会教育指导委员会主任委员单位。

学校设有 6 个学科门类，共计 32 个本科专业。现有全日制本科生 12 001 人，研究生 4 026 人，留学生 570 人。拥有中药学"双一流"建设学科，中医内科学和针灸推拿学 2 个国家级重点学科、23 个国家中医药管理局重点学科，9 个国家中医药管理局高水平中医药重点学科，9 个天津市重点学科，2 个天津市一流学科，3 个天津市顶尖学科，3 个优势特色学科群，6 个服务产业特色学科群。拥有中医学、中药学、中西医结合 3 个博士后科研流动站，中医学、中药学、中西医结合 3 个一级学科博士学位授权点，16 个二级学科博士学位授权点，1 个中医博士专业学位授权点，7 个一级学科硕士学位授权点，25 个二级学科硕士学位授权点，7 个硕士专业学位授权点。学校在第五轮学科评估中取得优异成绩，中药学、中医学等骨干学科取得显著进步。药理学与毒理学、临床医学进入 ESI 前 1%。

天津中医药大学（含附院）现有在编教职工 4 040 人。现有中国工程院院士 3 人石学敏、刘昌孝、张伯礼（其中 1 人为兼聘），国医大师 2 人，全国名中医 5 人，教学大师奖获得者 1 人；拥有"国家杰出青年科学基金"获得者、全国模范教师、全国中医药高等学校教学名师等一批高层次人才。现有教育部创新团队 3 个，科技部创新团队 2 个，国家中医药多学科交叉创新团队 2 个、传承创新团队 2 个。

天津中医药大学拥有直属附属医院 7 所。其中，第一附属医院是全国首批三级甲等医院、全国百佳医院、全国省级示范医院、全国百姓放心示范医院，是国家中医针灸临床医学研究中心、国家区域医疗中心建设输出医院、国家中医临床研究基地、国家中医药管理局中医药高层次人才综合基地、国家中医应急医疗队伍和疫病防治及紧急医学救援基地、国家中医药服务出口基地、中医药传承创新工程建设单位和全国中医文化建设示范单位、天津市中医医学中心。第二附属医院是国家中医药传承创新工程重点中医医院，是天津市中医医疗中心、区域医疗中心、天津市新冠感染多学科中西医结合康复指导中心、天津市中医康复中心。

天津中医药大学拥有国家中医针灸临床医学研究中心、组分中药国家重点实验室、现代中药创制全国重点实验室、国家级国际联合研究中心——中意中医药联合实验室、科技部创新人才推进计划创新人才培养示范基地、教育部退行性疾病中医药防治医药基础研究创新中心、方剂学教育部重点实验室、现代中药发现与制剂技术教育部工程研究中心、现代中药省部共建协同创新中心、现代中医药海河实验室、2 个国家中医药管理局重点研究室、6 个天津市重点实验室、3 个天津市临床医学研究中心、国家药品监督管理局中医药循证评价重点实验室、天津市高校智库——中医药战略发展研究中心、天津市中医药循证医学中心、2 个国家中医临床研究基地（冠心病、中风病）、2 个国家药物临床研究基地等一批国家级、省部级高水平科研创新平台。连续承担国家"973 计划"项目、国家"重大新药创制"科技重大专项、国家重点研发计划"中医药现代化"重点专项、国家自然科学基金重点项目等重大科研任务。近三年新增纵横向课题 1 000 余项、科研经费 7.1 亿余元。

天津中医药大学获得成果包括国家科学技术进步一等奖 2 项、二等奖 12 项，省部级科技重大成就奖 1 项，天津市科学技术进步特等奖、一等奖，教育部科技进步一等奖等各类科技奖项 100 余项。原创性提出中成药二次开发理论、方法与技术策略，突破中成药二次开发共性关键核心技术，完成了天津市 30 余个中成药品种二次开发研究，成果在全国 19 个省市近百家中药企业推广应用，推动产业技术升级换代，中药大品种集群形成，产生了巨大的社会和经济效益。学校获批国家医学攻关产教融合创新平台，组建认定为天津市大学科技园，参与中日（天津）健康产业发展合作示范区建设。

新冠疫情期间，学校的科研团队联合京津冀和武汉科研医疗单位，将临床救治和科研攻关协同推进，在全国率先完成了新冠病毒感染大样本中医证候学调查研究和药物筛选研究；制定了全疗程中医药规范化治疗方案；承担国家科技应急攻关项目，研制了第一个临床疗效评价核心指标集，率先完成了对数十个中成药的临床评价研究；研发了中药新药"宣肺败毒方"，纳入国家推荐"三药三方"，完成新药研发并成功转化；研发新冠恢复期中药新药清金益气颗粒并成功转让；研发了"清感饮"系列茶药并在天津市医疗机构调剂使用。张伯礼院士荣获"人民英雄"国家荣誉称号；组分中药国家重点实验室获得"全国抗击新冠肺炎疫情先进集体"荣誉称号。

学校以中医药对外教育为特色。作为世界中医药学会联合会教育指导委员会会长单位，组织研究制定的《世界中医学本科（CMD 前）教育标准》已由世界中医药学会联合会正式发布，成为全球第一个中医药教育国际标准。制定了《世界中医学专业核心课程》《世界中医学专业核心课程教学大纲》，编译《世界中医学专业核心课程教材》，明确了世界中医学专业内涵，规范了核心课程教学内容。学校是教育部"教育援外基地"、教育部和外交部"中国东盟教育培训中心"、国家中医药管理局"中医药国际合作基地"和"首批中医药国际合作专项建设单位"、世界中联"一带一路"中医药教育师资培训基地（天津）。与教育部中外人文交流中心合作共建"中医药中外人文交流研究院"，入选商务部和国家中医药管理局首批"国家中医药服务出口基地"，荣获"2019 优秀中国—东盟教育培训中心"奖，探索"互联网＋中医药"服务贸易新模式，成功入选 2020 年中国国际服务贸易交易会业态创新示范案例。学校是教育部"中非高校 20+20 合作计划"项目唯一的中医药院校。学校于 2008年成立全球首家中医孔子课堂——日本神户东洋医疗学院孔子课堂，2016 年成立泰国首家中医孔子学院——泰国华侨崇圣大学中医孔子学院。学校与世界40 多个国家和地区建立了友好合作关系。与英国诺丁汉大学合作举办的临床药学专业本科中外合作办学项目荣获"英国泰晤士报高等教育奖"最佳国际合作项目提名，两校国际教育合作被列入中英两国卫生领域国家合作项目。

5.1.1.2　创新基础

1. 中药学院

天津中医药大学中药学院现有教职工 117 人，其中正高级职称 23 人，副高级职称 35 人，博士生导师 11 人，硕士生导师 34 人，具有博士学位 79 人。中药学院拥有中国工程院院士 1 人，天津市特聘教授 1 人，天津市"131"人才工程第一层次人选 1 人，科技部重点领域创新团队 1 个，教育部创新团队 1 个，天津市优秀教学团队 2 个，国家级一流课程 2 门，市级一流课程 4 门。

中药学院开设中药学、中药资源与开发、药学、药物制剂学、临床药学、临床药学（中外合作办学）5 个本科专业，下设基础化学、分析化学、药物分析、中药炮制、中药鉴定、中药资源、药理、药物化学和药物制剂 9 个教研室。中药学科入选国家"双一流"建设学科，为天津市重中之重学科，拥有一级学科博士学位授予权点，博士后科研流动站。中药学、临床药学专业入选国家一流本科专业建设点；药学、药物制剂、中药资源与开发专业为天津市一流本科专业建设点。中药学拔尖学生培养基地入选教育部基础学科拔尖学生培养计划 2.0 基地；中药学专业为教育部高等学校特色专业；中药资源与开发专业为天津市优势特色专业、天津市高等学校"十二五"综合投资规划战略性新兴产业相关专业。中药学类和药学类专业目前实施大类招生，分流培养。

2021—2023 年，新增主持承担省部级以上课题 30 余项，其中国家自然科学基金 18 项，SCI、EI、ISTP 国际三大检索系统收录论文 200 余篇，授权专利 10 余项。"十三五"以来，编写并出版教材 70 余部。获国家级教学成果一等奖 1 项、二等奖 1 项（学校层面申报获奖），天津市教学成果一等奖 1 项，天津市教学成果二等奖 3 项；获得国家及省部级科技奖励 7 项，其中，国家科技进步一等奖 1 项、国家科技进步二等奖 1 项、天津市科技进步一等奖 1 项，教育部科学技术进步二等奖 1 项，天津市科技进步二等奖 1 项。

学院拥有省部共建组分中药国家重点实验室、科技部中意中医药联合实验室、科技部创新人才培养基地、省部共建天津市现代中药协同创新中心。另有省部级重点实验室和工程中心 9 个，与天士力共建"现代中药国际化产学研联盟"（重大新药专项资助）。

学院现有教学实验室面积 6 000 余平方米，"天津中医药大学 – 天津天士力集团有限公司中药学实践教育基地"为国家级大学生校外实践教育基地。拥有中药学实验教学中心、中药学虚拟仿真实验教学中心，其中药学实验教学中心为天津市实验教学示范中心。

2. 中医学院

天津中医药大学中医学院前身为始建于 1958 年的天津中医学院中医系。2003 年 9 月，中医系分化为医疗系和基础医学部；2004 年 8 月，基础医学部更名为基础医学院，由中医基础和西医基础教研室构成；2009 年 9 月，基础医学院和医疗系部分教研室合并，更名为中医学院；2014 年 7 月，将中医学院原西医教研室归入中西医结合学院，原中药学院临床中药学教研室和方剂学教研室归入中医学院。

中医学院设有 12 个教研室，分别为中医基础理论、中国医学史、临床中药、方剂、内经、伤寒、金匮、温病、各家学说、美容、公共卫生、食品卫生与营养学教研室，设置 2 个本科专业，分别为中医学、食品卫生与营养学。设有一级学科博士点 1 个，二级学科博士点 7 个，一级学科硕士点 1 个，二级学科硕士点 7 个。

中医学院有教职员工 70 人，其中专职行政人员包括辅导员 9 人，教师 61 人；其中正高职称 14 人，副高职称 26 人，中级职称 27 人，初级职称 3 人；具有博士学位 45 人，硕士学位 23 人，硕博士占全体人员已达 97.1%。拥有国家重点学科针灸学科学术带头人 1 人；天津市高校重点学科领军人才 2 人；天津市 131 人才二层次 2 人，天津市 131 人才三层次 4 人，中青年骨干创新人才 1 人；首批"全国中医药高等学校教学名师"1 人；首批"天津市有突出贡献专家"1 人；天津市优秀教师 2 人；天津市教学名师 2 人；天津市教育系统优秀共产党员 1 人；天津市优秀青年教师资助 4 人。有天津市优秀教学团队 3 个。

中医学院有天津市卫生局中医基础理论科研二级实验室 1 个，天津市卫生局中医药研究方法与应用重点研究室 1 个，中医学院基础实验室 1 个，天津市教委中医健康辨识基础研究创新团队 1 个。截至 2018 年 1 月，学院近十年来，教师主持国家自然科学基金项目 16 项，"973 计划"课题 3 项；以第一作者或通讯作者发表 SCI 论文 28 篇；获中国中西医结合学会科学技术奖一等奖 1 项，中华医学科技奖二等奖 1 项，中国标准创新贡献二等奖 1 项，中国针灸学会科学技术二等奖 1 项，天津市科技进步三等奖 4 项。截至 2021 年，学院申报国家自然科学基金项目 15 项，共有 6 项课题获立项资助，其中面上项目 1 项、青年科学基金项目 5 项，最终立项率为 40%。

（3）中西医结合学院（临床医学院）

中西医结合学院前身为天津中医药大学基础医学院，始建于 2003 年，2009 年基础医学院与医疗系合并为中医学院。为进一步提高临床教学水平，强化本专业学生中西医结合临床技能的培养，推进中西医结合事业的发展，2014 年我校与天津市人民医院联合成立中西医结合学院。

中西医结合学院本部下设有人体解剖学、组织学与胚胎学、生物化学、生理学、免疫学与病原生物学、病理学与病理生理学、西医诊断学等 7 个教研室。2017 年，中西医结合学科在全国第四轮学科评估中排名第 6 位。中西医临床医学专业为"国家一流专业""天津市品牌专业""天津市优势特色专业"。

中西医结合学院现有专任教师 57 人，其中教授 11 人，研究员 2 人，副教授 15 人，副研究员 2 人，讲师 12 人，助理研究员 2 人，助教 1 人，实验技术人员 10 人；其中博士生导师 4 人、硕士生导师 15 人。拥有全国中医药高等学校教学名师 1 人，天津市优秀教师 1 人，天津市教学名师 1 人，天津市高校学科领军人才 3 人，天津市政府特贴专家 9 人，天津市特聘教授 1 人，天津市高校"学科骨干人才"3 人，天津市"131"创新人才 26 人，天津市"131"创新型人才团队 1 个。

中西医结合学院科研方向主要有：中西医结合抗肿瘤基础与临床研究、中西医结合防治心脑血管疾病基础与临床研究、中西医结合防治脑卒中基础与临床研究、中西医结合干预干细胞生物学活性基础研究。学院正在承担国家重大研究专项 1 项、国家自然科学基金项目 17 项、省部级科研项目 11 项，累计科研经费近 2 千万元。2021—2023 年，获得天津市科技进步奖、各学会科学技术奖 6 项。

中西医结合学院合作办学单位天津市人民医院是天津市卫生资源标志性单位，是集医疗、康复、科研、教学为一体的现代化大型三级甲等综合医院。是天津市五大医学中心之一。床位数 1 800 张，临床医技科室 72 个，建筑面积 18.6 万平方米。

5.1.2 申请趋势及全球专利布局情况

图 5-1 为天津中医药大学在退行性疾病产业的全球专利申请趋势。如图 5-1 所示，天津中医药大学在退行性疾病产业的首次专利申请在 2003 年，2003—2015 年专利申请量基本呈上升趋势，并在 2015 年达到峰值（10 项），2016—2021 年专利申请量整体处于波动趋势。

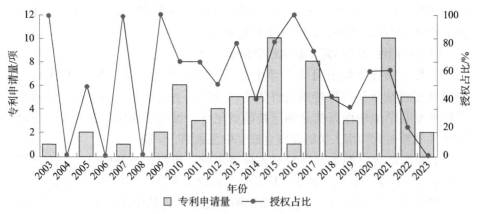

图 5-1 天津中医药大学退行性疾病产业全球专利申请趋势

天津中医药大学全球专利申请的授权率整体处于波动中稍有下降的趋势，经进一步查询，实用新型的申请量情况是：2015 年 1 项、2020 年 1 项、2021 年 2 项、2022 年 1 项，在发明专利申请量远大于实用新型专利申请量的情况下，很多年份能有 70% 以上的授权率说明专利申请技术含量高，从 2018 年之后，授权率明显下降，说明近几年的专利申请技术含量有所欠缺，需要重视技术创新的质量和发明申请前的查新检索及创造性判断。

另外，天津中医药大学的专利申请没有布局海外，都布局在中国。

5.1.3　技术分布情况分析

如图 5-2 所示，天津中医药大学在退行性疾病产业各二级技术分支中，排名第一位的是与神经退行性疾病相关的专利申请，共计 31 项，紧随其后的是心血管退行性疾病相关的专利申请，总计 28 项。天津中医药大学在骨质疏松的专利布局也比较多，全球共计 14 项。相比较来说，与骨与关节退行性疾病、眼退行性疾病相关的专利申请量较少。由此可以看出，以专利申请量为参量，与神经退行性疾病和心血管退行性疾病治疗相关的技术是天津中医药大学专利布局的重点方向。

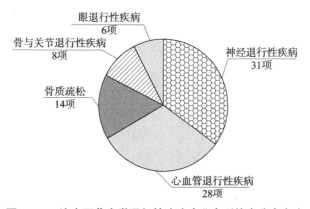

图 5-2　天津中医药大学退行性疾病产业专利技术分布占比

如图 5-3 所示，天津中医药大学在神经退行性疾病和心血管退行性疾病的技术分布中，都重视化学药和中医药的研发和专利申请。

5.1.4　协同创新情况分析

天津中医药大学分别与无锡济煜山禾药业股份有限公司和杭州胡庆余堂

药业有限公司有一项共同申请，协同创新的申请量占比很小。

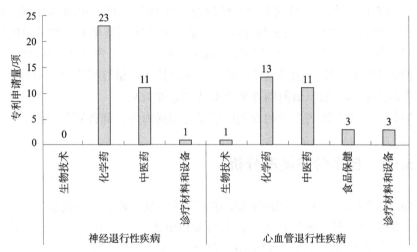

图 5-3 天津中医药大学神经退行性疾病和心血管退行性疾病的技术分布

5.1.5 发明人情况分析

图 5-4 为天津中医药大学退行性疾病产业专利发明人的专利申请量排名，从图中可以看出，天津中医药大学的发明人专利申请量比较集中，高秀梅作为重要发明人，其专利申请量是排名第二位的 2.5 倍。

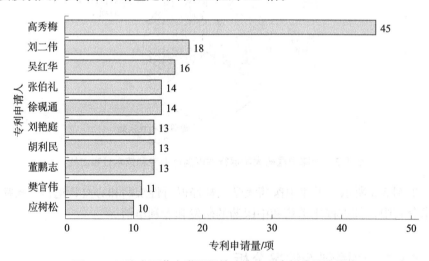

图 5-4 天津中医药大学退行性疾病产业专利发明人排名

5.1.6　重点专利列表

表 5-1 列出了天津中医药大学的部分重点专利申请，这些专利申请均被其他专利申请引用多次或者具有多件同族专利，因而通常在某一技术方面具有典型性和代表性，或者是天津中医药大学的重点技术。对这些专利申请进行重点解读，将有利于梳理天津中医药大学的产品和技术脉络，并从中得到技术创新方向的启发。

表 5-1　天津中医药大学的部分重点专利申请

序号	公开（告）号	标题	公开（告）日
1	CN108303480A	一种甘松活性成分的定量检测方法及甘松活性成分与应用	2018-07-20
2	CN1857354A	香加皮强心作用有效部位及制备方法和含它们的药物制剂与应用	2006-11-08
3	CN114344361A	防治骨质疏松症的药物组合物	2022-04-15
4	CN112915096B	刺囊酸-28-O-β-D-葡萄糖苷的制药用途	2022-12-20
5	CN111588746A	一种补骨脂药材的炮制方法、补骨脂提取物及其用途	2020-08-28
6	CN111249311A	一种美洲大蠊粪便中肠道菌群代谢产物提取物及其制备方法和应用	2020-06-09
7	CN108524535A	肉苁蓉多糖的新用途以及含有肉苁蓉多糖的药物组合物	2018-09-14
8	CN108186616A	β-榄香烯在制备用于预防和／或治疗与 IL-1 相关的炎症性疾病的药物中的用途	2018-06-22
9	CN107978374A	一种临床研究中研究者依从性计算机测控方法	2018-05-01
10	CN107714679A	麝香酮的新用途	2018-02-23
11	CN106431902A	菖蒲中苯丙素类化合物及其制备方法与应用	2017-02-22
12	CN105920086A	一种补骨脂提取物的制备方法及补骨脂提取物	2016-09-07
13	CN104383174A	一种治疗老年性痴呆的中药	2015-03-04
14	CN104173418B	杜仲和续断的组合物及用途	2018-03-20
15	CN103919717A	一种酒石酸溴莫尼定眼用凝胶制剂及其制备方法和用途	2014-07-16
16	CN103768047A	野黄芩素在制备用于预防和／或治疗血栓性疾病的药物中的用途	2014-05-07
17	CN103118688B	锁阳化学成分作为植物雌激素的新用途	2016-04-13
18	CN102772393A	异补骨脂查尔酮治疗神经炎性疾病的用途	2012-11-14
19	CN102697901A	山楂叶及其提取物的新用途	2012-10-03
20	CN102552372B	杜仲化学成分作为血管保护剂的新用途	2015-02-25
21	CN102552236A	丹参酮 I 治疗小胶质细胞介导的疾病的用途	2012-07-11
22	CN102293820B	一种中药组合物在制备减少心肌梗死后患者死亡事件的药物中的应用	2015-11-25

序号	公开（告）号	标题	公开（告）日
23	CN102000101A	野黄芩苷治疗小胶质细胞介导的疾病的用途	2011-04-06
24	CN101837061B	山楂叶及其提取物的制药用途	2012-11-07

5.2　诺华公司

5.2.1　诺华公司概况

诺华公司（NVS）是全球最大的医药公司之一，总部位于瑞士巴塞尔，产品覆盖全球130多个国家和地区。诺华拥有非常悠久的历史，早在1758年，盖吉先生（J.R.Geigy）在瑞士巴塞尔经营化学品、染料和药品，该公司后来发展为嘉基公司，后经过与汽巴公司、山德士公司合并，最终形成目前的诺华公司。诺华源于拉丁文 novae artes，意为"新技术"。2000年，诺华公司股票正式在纽约股票交易所上市。诺华公司宣布成立诺华生物医学研究所（NIBR），总部在美国马萨诸塞州剑桥市。2019年，诺华公司收购美国生物科技公司Medicines。诺华公司主要有2个业务：创新药业务和山德士业务。目前创新药业务的销售额约占其销售额的80%。山德士业务的销售额约占其总销售额的20%，山德士还是全球零售仿制药、抗感染药和生物制药领域的领导者。诺华制药旗下还拥有多种知名药物品牌，包括多发性硬化症药物吉伦雅、慢性心力衰竭药物恩特瑞托、眼科药物 Lucentis 和白血病药物 Tasigna。虽然诺华制药的总部位于瑞士巴塞尔，但其业务遍及全球。美国是该公司最大的市场，约占其销售额的35%，其次是欧洲（约占30%）和世界其他地区（占剩余部分）。

2022年，全球有超过2.5亿名患者受益于诺华公司的药物。2022年，诺华公司的净销售额达505亿美元。诺华公司关注患者需求紧迫的四大核心治疗领域（心血管、肾脏及代谢、肿瘤、免疫、神经科学）以及五大技术平台（化学疗法、生物技术、xRNA 疗法、放射配体疗法、基因和细胞疗法），不断开发开拓性疗法。诺华公司的研发投入一直处于全球行业先列，2022年研发投入达100亿美元。自1987年以来，诺华公司已有约100款创新药及新适应证在中国获批。为了加快创新药物引进，自2022年起，诺华公司在中国的新药及新适应证开发已实现100%与全球保持同步；同时，诺华公司积极推进创新药物可及性，自2017年以来，已有超过30款药物被纳入国家医保目录。

5.2.2　申请趋势及全球专利布局情况

图 5-5 为诺华公司在退行性疾病产业的全球专利申请量申请趋势。如图所示，自 2000 年至今，诺华公司在全球的专利申请量整体处于波动趋势，在 2000—2007 年这几年内，诺华公司的全球专利申请量呈现波动上升趋势，并在 2007 年达到顶峰，在全球的专利申请量达到 179 项。正是在 2007 年，诺华（山德士）收购中山药厂，建立高质量生产基地；诺华（中国）生物医学研究有限公司在上海张江药谷开始运作；苏州诺华制药科技有限公司实验楼投入使用。2007—2016 年，诺华公司在全球的专利申请量呈现波动下降趋势，在 2016 年到达谷底，全球的专利申请量只有 27 项。如图 5-5 所示，2017—2023 年，诺华公司在全球的专利申请量处于缓慢上升的态势，考虑到从提交专利申请到被公开需要一至数年的时间，因此能够推断诺华公司在 2020 年之后的实际专利申请量及其增长趋势应高于图示情形。

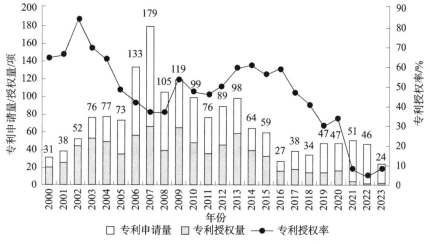

图 5-5　诺华公司退行性疾病产业全球专利申请趋势

诺华公司全球专利申请的授权率整体处于波动中稍有下降的趋势，在 2006—2009 年其专利申请量处于高峰期时，授权率反而出现了一个低谷，这意味着在 2007 年之前的专利申请技术含量有所欠缺，但从 2009 年开始，诺华公司的专利申请授权率维持在 50% 上下，这说明在 2007 年之后，诺华公司更加重视技术创新的质量。

图 5-6 为诺华公司退行性疾病产业专利申请在全球各个国家（地区／组织）的布局情况，可以看出，诺华公司在美国的专利申请量最多，这是因为美国是其最大的目标市场。作为总部位于瑞士的欧洲公司，诺华公司在欧洲专利局的

专利申请量仅次于在美国，这显示出诺华公司对本土市场的重视。诺华公司的专利申请量排名第三至第五位的国家（地区、组织）分别是世界知识产权组织、澳大利亚和中国，可见诺华公司致力于将其退行性疾病产业相关业务扎根到全世界，也体现出诺华公司对中国市场的重视。目前，诺华已经在上海和苏州建立生物医学研究中心和医药科技研发中心，在北京昌平建立生产工厂，可以预见，诺华公司未来在中国的专利布局将会更加密集。

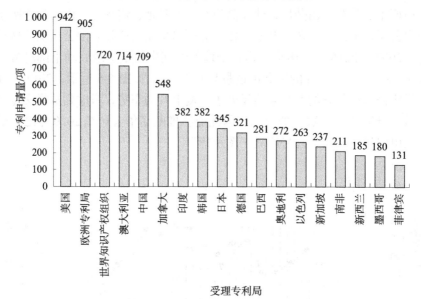

图 5-6　诺华公司退行性疾病产业全球专利分布

5.2.3　技术分布情况分析

如图 5-7 所示，从全球范围来看，诺华公司在退行性疾病产业各二级技术分支的专利申请量中，排名第一位的是与心血管退行性疾病相关的专利申请，共计 758 项，紧随其后的是与神经退行性疾病相关的专利申请，总计 737 项。诺华公司在眼退行性疾病的专利布局也比较多，全球共计 521 项，相比较来说，与骨质疏松和骨与关节退行性疾病相关的专利申请量较少。由此可以看出，与心血管退行性疾病和神经退行性疾病治疗相关的技术是诺华公司在全球进行专利布局的重点方向。

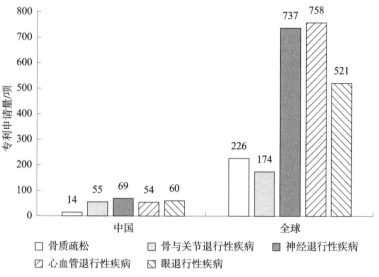

图 5-7　诺华公司退行性疾病产业全球及中国专利技术分布

　　诺华公司在中国的相关专利布局与全球范围的情况有所出入。从专利申请量来看，神经退行性疾病相关技术是诺华公司在中国的主要专利布局方向，其次是与眼退行性疾病相关的技术，两者的专利申请量分别为 69 项和 60 项。诺华公司在骨质疏松相关技术方面的中国专利申请量较少，仅为 14 项，与全球情况相比较来看，诺华公司目前还未将中国作为其骨质疏松相关技术的主要布局区域。这种专利布局格局与诺华公司在中国的市场布局是一致的，数据显示，其应对中国患者医疗需求的创新药主要集中在心血管、免疫、神经科学、实体瘤、血液病、眼科等方向，而在消化、心血管、骨科等方向的市场布局主要是非专利药和成熟产品。但随着诺华公司在中国的生产经营规模不断扩大，以及其在全球骨科方向的持续技术创新，可以预见骨质疏松以及骨与关节退行性疾病有可能成为诺华公司未来在中国进行专利布局的重点方向。

　　鉴于诺华公司无论是在全球范围内还是在中国范围内，有关神经退行性的专利申请量都比较多，特对该技术分支进行技术分布分析，如图 5-8 所示。从图中可以看出，诺华公司作为全球药物巨头，在神经退行性方面的技术布局绝大部分集中在化学药方面，其次是生物技术方面，这与诺华公司的业务重点相吻合。诺华公司在神经退行性相关诊疗材料和设备方面也有一些专利布局，可见诺华公司并非只专注于药物的研制，相关配套材料、设备也属于其技术创新不可或缺的一个分支。诺华公司在中医药方面则完全不涉及，可见诺华公司目前虽然深度进入中国市场，但在中医药方面未表现出研发和推广意愿。

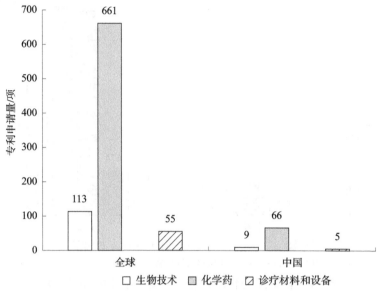

图 5-8 诺华公司神经退行性相关专利技术分布

5.2.4 协同创新情况分析

协同创新是跨国巨头公司惯常采用的技术创新模式，诺华公司也不例外。除了与其德国公司的深度合作之外，诺华公司最紧密的协同创新伙伴是 IRM 责任有限公司。此外，诺华公司与则农医药公司、爱克索马技术有限公司、斯克里普斯研究学院有较强的协同创新合作（图 5-9）。联合专利申请背后，往往是技术的协同创新，协同创新的技术往往又涉及技术的难点、重点或者产业热点。因此，关注诺华公司与这些企业、院校的合作将有助于从侧面了解诺华公司意欲扩展的技术方向。

5.2.5 发明人情况分析

图 5-10 为诺华公司退行性疾病产业全球发明人的专利申请量排名，从图中可以看出，在该领域诺华公司的发明人专利申请量并不集中，各重要发明人的专利申请量都不足 30 项。其中，HEROLD PETER 的专利申请量最多，共计 27 项，排名第二至五位分别是 MAH ROBERT、TSCHINKE VINCENZO、STUTZ STEFAN 和 MOGI MUNETO，其余专利发明人的专利申请量均在 20

项以下。

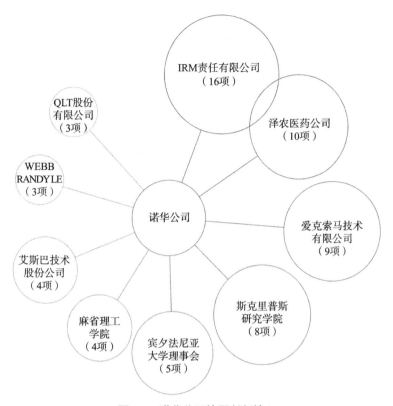

图 5-9　诺华公司协同创新情况

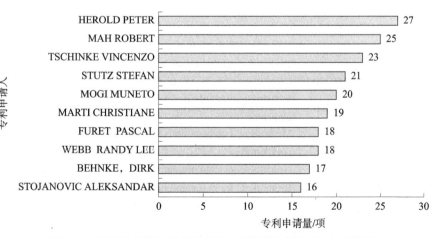

图 5-10　诺华公司退行性疾病产业全球发明人的专利申请量排名

5.2.6 重点专利列表

表 5-2 列出了诺华公司退行性疾病产业在全球所布局的部分重点专利申请，这些专利申请均被其他专利申请引用多次或者具有多项同族专利，因而通常在某一技术方面具有典型性和代表性，或者是诺华公司的重点技术。对这些专利申请进行重点解读，将有利于梳理诺华的产品和技术脉络，并从中得到技术创新方向的启发。

表 5-2 诺华公司退行性疾病产业全球重点专利

序号	公开（公告）号	标题	公开（公告）日
1	US6353069B1	High refractive index ophthalmic device materials	2002-03-05
2	WO2007128801A1	Combination of organic compounds	2007-11-15
3	WO2012138648A1	Compositions and methods for modulating lpa receptors	2012-10-11
4	WO2014005150A1	Crystalline forms of 1-(2-((lr,3s,5r)-3-((2-fluoro-3-(trifluoromethoxy) phenyl) carbamoyl)-2-azabicycl o [3.1.0] hexan-2-yl)-2-oxoethyl)-5-methyl-1h-pyrazolo [3,4-c] pyridine-3-carboxami de and salts thereof	2014-01-03
5	US20060154981A1	Method of reducing intraocular pressure and treating glaucoma	2006-07-13
6	US20090099167A1	Organic compounds	2009-04-16
7	US6316441B1	Brinzolamide and brimonidine for treating glaucoma	2001-11-13
8	US20170340733A1	Combination therapies	2017-11-30
9	US8257745B2	Use of synthetic inorganic nanoparticles as carriers for ophthalmic and otic drugs	2012-09-04
10	WO2010115932A1	Combination for the treatment of bone loss	2010-10-14
11	US6956036B1	6-hydroxy-indazole derivatives for treating glaucoma	2005-10-18
12	WO2013027191A1	Methods and compositions using fgf23 fusion polypeptides	2013-02-28
13	US7094890B1	Arthritis-associated protein	2006-08-22
14	WO2013045505A1	Biomarkers for raas combination therapy	2013-04-04
15	US6504080B1	Transgenic animal model for neurodegenerative disorders	2003-01-07
16	WO2011009484A1	Arylpyrazoles and arylisoxazoles and their use as pkd modulators	2011-01-27

序号	公开（公告）号	标题	公开（公告）日
17	US6645970B2	Indolylmaleimide derivatives	2003-11-11
18	WO2009030871A1	Pyrrolopyrimidine derivatives having hsp90 inhibitory activity	2009-03-12
19	JP2010514693A	PDK1 阻害のためのキナゾリン	2010-05-06
20	WO2009030270A1	Dihydroindole derivatives useful in parkinson's disease	2009-03-12
21	US20070142401A1	Indolyl-pyrroledione derivatives for the treatment of neurological and vascular disorders related to beta-amyloid generation and/or aggregation	2007-06-21
22	US20040224968A1	Aza-and polyazanthranyl amides and their use as medicaments	2004-11-11
23	WO2007053406A1	Combinations of antihypertensive and cholesterol lowering agents	2007-05-10
24	CN101921236A	可用于治疗赘生性疾病、炎性和免疫系统病症的 2,4- 二（苯氨基）嘧啶	2010-12-22
25	US8158609B1	Use of cyclodextrins as an active ingredient for treating dry AMD and solubilizing drusen	2012-04-17
26	US6660870B1	2-acylaminobenzimidazole derivatives for treating glaucoma	2003-12-09
27	JP2006520335A	脂肪酸とアミノ酸を含有する組成物	2006-09-07
28	US6300328B1	Selective inhibitors of adenosine monophosphate deaminase for the treatment of optic nerve and retinal damage	2001-10-09
29	US20020150559A1	Induction of T cell tolerance with CD40/B7 antagonists	2002-10-17
30	WO2006041763A1	Renin inhibitors for treating transplantation induced diseases	2006-04-20
31	US6444676B1	Use of PARP inhibitors in the treatment of glaucoma	2002-09-03
32	US7109203B2	Sulfonamide derivatives	2006-09-19
33	US20140155803A1	Ocular implant with fluid outflow pathways having microporous membranes	2014-06-05
34	US7060695B2	Method to prevent vision loss	2006-06-13
35	US20130012485A1	Organic compounds	2013-01-10
36	WO2014128612A1	Quinazolin-4-one derivatives	2014-08-28
37	WO2015095515A1	Sgc activators for the treatment of glaucoma	2015-06-25
38	US20160137717A1	Use of a VEGF antagonist in treating choroidal neovascularisation	2016-05-19

续表

序号	公开（公告）号	标题	公开（公告）日
39	CN1921856A	用于治疗神经变性疾病和认知障碍的DPP-Ⅳ抑制剂	2007-02-28
40	WO2016088082A1	Amidomethyl-biaryl derivatives complement factor d inhibitors and uses thereof	2016-06-09
41	JP2010504295A	サイトカイン介在疾患の処置に有用なピロール誘導体	2010-02-12
42	EP1918291A1	3-Aminocarbonyl-substituted fused pyrazolo-derivatives as protein kinase modulators	2008-05-07
43	US20100056481A1	Crystalline forms of zoledronic acid	2010-03-04
44	WO2010128152A1	Fused heterocyclic c-glycosides for the treatment of diabetes	2010-11-11
45	WO2008043725A1	Biomarker in inflammatory disorders	2008-04-17
46	US7060297B2	Carrageenan viscoelastics for ocular surgery	2006-06-13
47	WO2012025155A1	Hydroxamate-based inhibitors of deacetylases	2012-03-01
48	US20100022482A1	aSMase inhibitors	2010-01-28
49	US6818638B2	Melvinolin derivatives	2004-11-16
50	WO2011029823A1	Monoclonal antibody reactive with cd63 when expressed at the surface of degranulated mast cells	2011-03-17

诺华公司在骨质疏松方面的重点专利见表5-3。

表5-3　诺华公司涉及骨质疏松的全球重点专利

序号	专利	标题	公开（公告）日
1	US20110195077A1	Methods and compositions using fgf23 fusion ppolypeptides	2011-08-11
2	JP2010508315A	抗炎症剤としてのヘテロ環式化合物	2010-03-18
3	US20120052070A1	Compositions and methods of use for binding molecules to dickkopf-1 or dickkopf-4 or both	2012-03-01
4	WO2010115932A1	Combination for the treatment of bone loss	2010-10-14
5	JP2006520335A	脂肪酸とアミノ酸を含有する組成物	2006-09-07
6	US20130012485A1	Organic compounds	2013-01-10
7	JP2010504295A	サイトカイン介在疾患の処置に有用なピロール誘導体	2010-02-12
8	US20100056481A1	Crystalline forms of zoledronic acid	2010-03-04
9	JP2010523627A	GPBAR1アゴニストとしてのピリダジン誘導体、ピリジン誘導体およびピラン誘導体	2010-07-15
10	CN101618216B	直接压片配方和方法	2012-01-04

序号	专利	标题	公开（公告）日
11	JP2011500635A	癌および骨疾患の処置のための CSF-1R 阻害剤	2011-01-06
12	JP2009518419A	PTPase 阻害剤としての 1- オルトフルオロフェニル置換 1,2,5- チアゾリジンジオン誘導体	2009-05-07
13	US20120263712A1	Pyrrolidine-1,2-dicarboxamide derivatives	2012-10-18
14	JP2008517933A	c-JUNN 末端キナーゼ（JNK）および P-38 キナーゼ阻害剤としての、ピロロ [1，2-D] [1,2-4] トリアジン	2008-05-29
15	JP2007526744A	プロトン感受性 G タンパク質共役型受容体およびその DNA 配列	2007-09-20
16	US20110092426A1	Oral calcitonin compositions and applications thereof	2011-04-21
17	JP2008536841A	3,4-ジヒドロ-ベンゾ [e][1,3] オキサジン -2-オン	2008-09-11
18	WO2008067527A1	Inhibitors of protein tyrosine phosphatase for the treatment of muscle atrophy and related disorders	2008-06-05
19	JP2010529075A	抗糖尿病剤としてのチアジアゾール誘導体	2010-08-26
20	JP2009533368A	有機化合物	2009-09-17
21	JP4682200B2	IL-17 拮抗性抗体	2011-05-11
22	JP5467862B2	新規化合物	2014-04-09
23	ES2940341T3	Formulación y proceso de compresión directa	2023-05-05
24	CN114225022A	抗体制剂	2022-03-25
25	CL51188B	COMPUESTOS DERIVADOS DE ACETAMIDA SUSTITUIDA POR N-HETEROARIL O 2-HETEROARIL COMO MODULADORES DE LAS SEÑALES WNT；COMPOSICIONES FARMACEUTICAS QUE LOS COMPRENDEN；Y SU USO EN EL TRATAMIENTO DEL CANCER，RECHAZO DE INJERTO DE RIÑON, OSTEOARTRITIS, PARKINSON, ENTRE OTRAS	2015-09-03
26	US20120263712A1	Pyrrolidine-1,2-dicarboxamide derivatives	2012-10-18
27	MOJ001506C	抑制醛甾酮合酶和芳香酶的稠合咪唑衍生物	2014-12-17
28	CN104725512A	增加肌肉生长的组合物和方法	2015-06-24

续表

序号	专利	标题	公开（公告）日
29	UY35334A	COMPUESTOS Y COMPOSICIONES COMO DEGRADANTES SELECTIVOS DEL RECEPTOR DE ESTRÓGENO	2014-09-30
30	JP2022106763A	新規製剤	2022-07-20
31	US20130059779A1	Stabilized Insulin-like Growth Factor Polypeptides	2013-03-07
32	BRPI0107715B8	PRODUTO FARMACÊUTICO COMPREENDENDO UM INIBIDOR DE DIPEPTIDILPEPTIDASE-IV E METFORMINA, BEM COMO USOS DO DITO PRODUTO FARMACÊUTICO E DO INIBIDOR DE DIPEPTIDILPEPTIDASE-IV	2021-05-25
33	JP2022058771A	放出が改良された 1-[(3- ヒドロキシ - アダマント -1- イルアミノ)- アセチル]- ピロリジン -2(S)-カルボニトリル製剤	2022-04-12
34	JP2013091665A	ピロロピリミジン化合物およびそれらの使用	2013-05-16
35	AR035581A1	ANTICUERPOS PARAIL-1bHUMANA	2004-06-16
36	JP5552233B2	Dickkopf-1 および / または -4 に対する抗体の組成物および製造法その使用方法	2014-07-16
37	ES2310177T3	INHIBIDORES NITRILO DIPEPTIDO DE CATEPSINA K	2009-01-01
38	AR055606A1	DERIVADOS DE BENZOQUINAZOLINA	2007-08-29
39	MY143051A	Method of treating metabolic disorders, especially diabetes, or a disease or condition associated with diabetes	2011-02-28
40	BRPI0710540B1	COMPOSTOS DE BENZOXAZOL E BENZOTIAZOL SUBSTITUÍDOS POR 6-O, E COMPOSIÇÃO FARMACÊUTICA	2022-04-12

5.3 天士力

5.3.1 天士力医药集团股份有限公司概况

天士力控股集团（以下简称"天士力"）成立于 1994 年 5 月，总部位于中国天津，全球拥有 20 余家科研能力中心，遍布全国 11 个生产基地，已发展成为以大健康产业为主线，以制药业为中心，涵盖科研、种植、生产、营销等领域的高科技企业集团。天士力形成了由心脑血管系统用药、抗肿瘤与免疫系统用药、胃肠肝胆系统用药、抗病毒与感冒用药构成的产品体系。现代中药——复方丹参滴丸、养血清脑颗粒，化学药——蒂清、水林佳等已成为一批知名产品。

随着企业的高速发展，天士力在全国医药行业中创造了突出的业绩。复方丹参滴丸成为首例通过美国 FDA·IND 临床用药申请的复方中药制剂，连续多年保持现代中药单产品市场销售的最高纪录。复方丹参滴丸及其系列研究先后被科技部列入"中药现代科技产业行动计划"重中之重项目、"九五"国家重大科技成果推广项目、国家"973 计划"基础研究项目和国家高新技术产业示范工程项目，并荣获国家科学技术进步三等奖。天士力技术中心被批准为国家级企业技术中心，国家人事部在天士力设立了企业博士后科研工作站。

天士力密切关注心脑血管疾病谱演化，先后布局多层次的产品组合，以复方丹参滴丸带动养血清脑（颗粒／丸）、芪参益气滴丸、普佑克、注射用益气复脉（冻干）、注射用丹参多酚酸等系列明星品牌产品，构建了心脑血管全病程大药体系。同时，不断加强大品种二次开发与现代中药研发，持续强化产品全生命周期管理，覆盖高血脂、血小板聚集、心衰、脑卒中以及脑卒中术后恢复等领域，拓宽产品管线以填补干细胞产品治疗心脑血管疾病领域的空白，形成贯穿心脑血管疾病预防、治疗及康复各环节且品类齐全的产品链，为每一个处于不同生命状态的个体提供全病程心脑健康解决方案。

天士力围绕中药现代化、国际化的关键问题，从设计、控制、评价三个维度解析和规划中药质量可控性关键技术。通过整合现代化信息技术、系统科学与工程、过程分析技术（PAT）等先进制造技术，搭建中药生产实时数据库。投产年处理药材量达 1.2 万吨、国内规模最大、国际领先的现代中药提取平台，建成世界唯一的空气深冷和液体冷凝的滴丸剂生产线和国内领先的数字化中药冻干粉针剂生产线。通过系统集成创新，打造了工艺可视化、装备智能化、质量数字化、管理信息化的现代中药产业先进制造平台，成为我国中药智能制造技术升级的标杆企业，推动中药智能制造走向世界。

5.3.2　申请趋势及全球专利布局情况

图 5-11 为天士力全球专利申请量申请趋势，从图中明显可看出天士力专利申请量整体分为两部分，在 2005 年之前，天士力的专利申请量呈现出高速增长趋势，可见在这期间，天士力在研发及专利布局方面投入了大量的精力并且取得了丰硕的成果。天士力在 2005 年以后专利申请数量呈现下降趋势，其中 2005—2009 年下降速度较快，2009 年后呈现缓慢下降趋势，可见在快速专

利布局后，天士力不再一味专注专利申请量的增长，而是更关注专利的质量并更重视重点方向的专利布局。

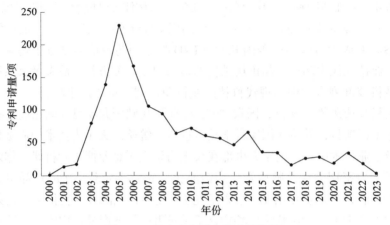

图 5-11 天士力全球专利申请趋势

图 5-12 为天士力的全球专利区域布局，可以看出，天士力在中国的专利申请量最多，达到 1 348 项，而在其他区域的专利申请量均在 100 件以内。通过 PCT 途径的国际专利申请有 84 项，表明天士力十分注重全球布局，这也充分反映出天士力对于全球市场的看重。天士力在美国的专利布局量为 54 项，在欧洲专利局的专利申请量有 50 项，在加拿大、澳大利亚、日本等国家 / 区域的专利申请量均在 30 ～ 50 项，可见在进行海外布局时，天士力是采取普遍布局的方式，并没有针对哪个国家或者区域专门进行布局，这也体现出天士力具有保护自己的产品和市场的决心。

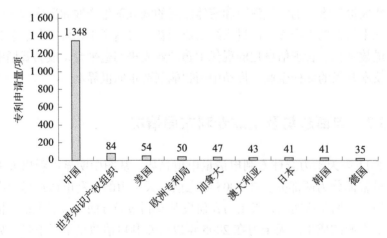

图 5-12 天士力全球专利区域分布

5.3.3　技术分布情况分析

通过检索天士力在退行性疾病各技术分支的专利申请量，可以看出天士力在退行性疾病各二级技术分支的专利申请量中，仅在心血管退行性疾病这一分支具有一定的专利申请量，有 314 项，说明心血管退行性疾病是天士力的重点研究和专利布局方向。

图 5-13 为天士力心血管退行性疾病的具体技术分支的专利申请量，可以看出，中医药和化学药是天士力目前专利申请量排名前两位的心血管退行性疾病具体分支，说明这两个方向均是天士力在心血管退行性疾病方面重点的研究和专利布局方向。其中，涉及中医药的专利申请量（215 项）约是化学药（99 项）的两倍，进一步说明天士力在中医药方面投入了较多的研发精力，这与其企业的发展定位一致。

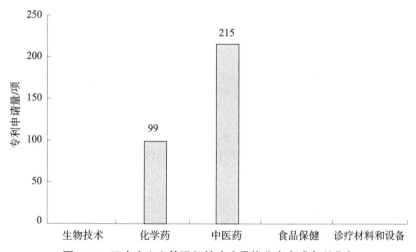

图 5-13　天士力心血管退行性疾病具体分支全球专利分布

5.3.4　协同创新情况分析

通过对天士力的共同专利申请人进行分析，得到了天士力的协同创新情况。根据图 5-14 示出的天士力协同创新情况分析可知，天士力医药集团股份有限公司的合作者主要集中在自己的子公司，如天士力生物医药股份有限公司、天津天士力（辽宁）制药有限责任公司。除了与自己的子公司进行合作研发以外，与科研院所的合作主要集中在与中国医学科学院药物研究所的合作。

此外，天士力控股集团有限公司的协同创新主要是与个人进行合作。

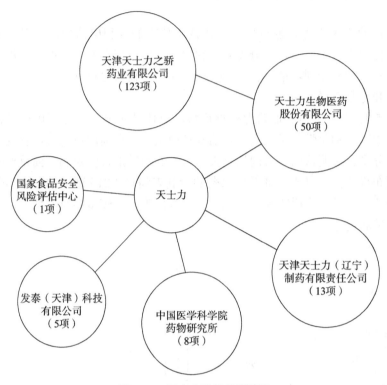

图 5-14　天士力协同创新情况

5.3.5　发明人情况分析

图 5-15 为天士力全球专利发明人的专利申请量排名，从图中可以看出，郑永峰的专利申请量在天士力所有发明人中排名第一，其专利申请量为 400件。郑永峰是医学硕士、法学博士、世界知识产权组织 IPC 联盟专家委员会传统知识工作组成员，曾分别在德国专利局、美国专利商标局、德国慕尼黑Max-Planck 知识产权研究所学习专利法，2003 年起加盟天士力控股集团有限公司，先后分别任总裁助理、天士力研究院副院长、法务总监、首席知识产权官。郑永峰还兼任中国专利保护协会副会长，国家知识产权局中国专利审查技术专家，江西中医学院客座教授，天津市仲裁委员会仲裁员；发表论文 30 余篇，主编、副主编及参加编写著作 6 部，译著 1 部，2012 年被国家知识产权局评为全国知识产权领军人才。正是郑永峰加入天士力促进了天士力的专利申

请布局。排名第二的李永强是医学硕士，2002 年加入天士力，主要从事医疗领域的专利撰写，2004 年晋升为主任级高级专利经理。在天士力法务中心从事知识产权工作的八年期间，李永强独立完成二百多项发明专利从申请文件撰写到授权维护的全流程工作。

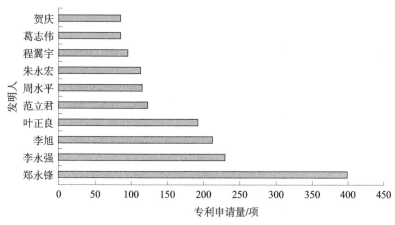

图 5-15　天士力全球专利发明人的专利申请量排名

5.3.6　重点专利列表

表 5-4 列出了天士力在全球所布局的部分重点专利申请，这些专利申请均被其他专利申请引用多次或者具有多项同族专利，因而通常在某一技术方面具有典型性和代表性，或者是天士力的重点技术。对这些专利申请进行重点解读，将有利于梳理天士力的产品和技术脉络，并从中得到技术创新方向的启发。

表 5-4　天士力全球重点专利

序号	公开号	标题	被引用专利数量 / 项
1	CN106934748A	一种自动发药配送方法	24
2	CN106918656A	一种检测益心复脉颗粒中 153 种农药残留的方法	20
3	CN102243170A	用近红外光谱技术鉴别麦冬药材产地的方法	17
4	CN104120034A	一种超高压提取挥发油的方法	17
5	WO2004101567A1	2-SUBSTITUTED PHENYL -6,8-DIALKYL-3H-IMIDAZOLE [1,5a][1,3,5] TRIAZINE -4- ONE DERIVATIVES, THE PREPARATION AND THE PHARMACEUTICAL USE THEREOF	17

续表

序号	公开号	标题	被引用专利数量/项
6	CN103913518A	一种检测白酒中塑化剂含量的方法及其在测定塑化剂迁移率中的应用	15
7	CN101085024A	含有丹参、银杏叶的中药组合物及其制剂	14
8	CN204233450U	液冷滴丸生产线	13
9	CN103376242A	一种芍药苷的检测方法	13
10	CN108732126A	一种采用近红外光谱法测定丹参药材中多成分含量的方法	13
11	CN1745769A	一种含有黄芪的药物组合物的新用途	12
12	CN103830723A	一种肺炎链球菌荚膜多糖蛋白结合疫苗的制备方法	11
13	CN1872329A	一种含有人参药物组合物在制备治疗慢性脑供血不足药物中的应用	11
14	CN103364359A	SIMCA模式识别法在近红外光谱识别大黄药材中的应用	10
15	CN1872278A	一种药物组合物	10
16	CN101108195A	一种治疗肿瘤、提高机体免疫的药物及其制备方法	10
17	CN1650696A	优美红景天和四裂红景天愈伤组织的诱导和培养方法	10
18	CN102048777A	一种刺五加提取物的检测方法	10
19	CN101919460A	一种茶及其制备方法	10
20	CN103115969A	一种测定替莫唑胺酯中的有机溶剂残留量的方法	10

第6章 天津市退行性疾病产业发展定位

目前，我国退行性疾病产业发展态势良好的典型区域包括上北京、上海、广州、南京、成都等，将天津市退行性疾病产业的各项指标通过专利数据分析与全球、中国以及前述典型区域进行定位、对比分析，明确退行性疾病产业发展定位，并揭示天津市退行性疾病产业发展中存在的结构布局、企业创新能力、技术创新能力、人才储备、专利运营等方面的问题，为后续的发展规划提供支撑。

本章将从天津市退行性疾病产业结构定位分析、企业创新实力定位分析、创新人才储备定位分析、技术创新能力定位分析、专利运营实力定位分析五个角度展开分析。

6.1 天津市退行性疾病产业结构定位分析

6.1.1 天津市与全国/全球专利布局结构差异

表 6-1 和图 6-1 示出了天津市与全球及中国范围的退行性疾病产业结构对比差异。从专利申请量上看，天津市在退行性疾病产业各技术分支均有一定数量的专利布局，初步形成了比较全面的产业结构，但是，仍然需要在基础较好的产业分支上加强优势打造。

表 6-1 全球、中国、天津市退行性疾病产业结构对比

分支	专利申请量/项			天津市占全球比例/%	天津市占中国比例/%
	全球	中国	天津市		
骨质疏松	14 015	5 824	95	0.68	1.63
骨与关节退行性疾病	28 332	23 188	320	1.13	1.38
神经退行性疾病	67 279	22 927	246	0.37	1.07
心血管退行性疾病	73 843	40 485	968	1.31	2.39
眼退行性疾病	23 962	12 296	142	0.59	1.15

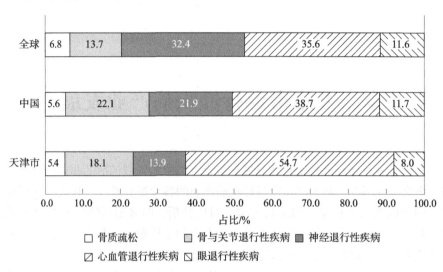

图 6-1　全球、中国、天津市退行性疾病产业结构占比

　　在三个维度中，心血管退行性疾病相关的专利申请量均是最多的，其中天津市的心血管退行性疾病相关的专利申请量所占比重最大，达到了 54.7%。并且，从天津市专利申请量在全球和全国的专利申请量中的占比来看，心血管退行性疾病领域也是最大的，其中，占全国专利申请量的 2.39%，全球专利申请量的 1.31%，这说明天津市非常重视心血管疾病相关药物的研发和相关专利布局，并且目前天津市确实也拥有如天士力这样的龙头企业专攻心血管疾病相关药物，并进行了较多的专利申请。

　　从全球范围来看，除了心血管退行性疾病，关注度最高的是神经退行性疾病，相关药物的专利申请量也很多，占比达到了 32.4%，这是因为有关神经退行性疾病尤其是与 AD 相关的研究在欧美国家已经走过很长的历程。我国在神经退行性疾病领域的研究起步较晚，因此相关药物的专利布局占比稍逊于骨与关节退行性疾病领域，但也占到了 21.9%，可见中国人在近年来对该领域的关注度在不断提升。天津市在神经退行性疾病领域的专利布局占比仅为 13.9%，并且相关专利申请量仅占到全国专利申请量的 1.07%，全球专利申请量的 0.37%，可见天津市在申请退行性疾病领域专利的研发水平与全球和全国范围相比较还有一定差距，说明天津市对神经退行性疾病还没有给予足够的重视，对相关药物和疗法的研究还有待进一步加强。

　　天津市关注度排名第二位的是骨与关节退行性疾病，专利申请量占比为 18.1%，这一占比略低于全国水平，但高于全球水平，对比全球和全国数据可见，全球在骨与关节退行性疾病领域的专利申请实际上集中于中国，可见中国在该领域的技术创新水平走在了世界前列，而天津市相关专利申请量占到了全国专利申请量的 1.38%，可见天津市在骨与关节退行性疾病相关药物的领域有一定的研发基础，但仍有进步空间。

天津市在眼退行性疾病和骨质疏松相关的专利申请量占比相较于全球和全国范围来看都要低一些，说明天津市在这两个领域的药物研制也还有进步空间。

由于天津市所处的北方地区心血管疾病发病率较高，具有广阔的市场，因而建议天津市继续保持心血管退行性疾病相关药物的研发。同时，天津市要尽快加大神经退行性疾病相关药物的研制，抓住人口老龄化的契机，抢占市场。天津市还应注重调整骨与关节退行性疾病、眼退行性疾病的药物研发比重，对标全球和中国相关专利申请占比，加大创新力度。

具体到骨质疏松领域，如表 6-2 和图 6-2 所示，从产业结构来看，天津市比全球和全国在调节骨代谢领域的专利布局所占比重要小，在基础补钙领域的占比比全球和全国要高，达到了 18.6%，而在中医药治疗骨质疏松方面的占比位于全国和全球水平之间。从数量上来看，全球中医药治疗骨质疏松的专利申请基本上都集中在中国，所以天津市在该领域的专利申请量在全球和全国的占比差不多，分别是 1.6% 和 1.7%；基础补钙方面，中国的专利申请量在全球范围占比也比较大，而天津市在全国的占比为 2.3%，可见天津市在该领域的技术研发具有较强的基础。调节骨代谢方面，天津市的专利申请量占到全球的 0.7%，全球的 1.7%，是骨质疏松三个技术分支中占比最小的一个分支，说明天津市在该领域的研发水平与全球和全国水平相比还有一定差距。

表 6-2　全球、中国、天津市骨质疏松产业结构对比

二级分支	三级分支	专利申请量 / 项			天津市占全球比例 /%	天津市占中国比例 /%
		全球	中国	天津市		
骨质疏松	基础补钙	1 864	1 150	26	1.4	2.3
	调节骨代谢	12 543	4 959	82	0.7	1.7
	中医药	1 979	1 870	32	1.6	1.7

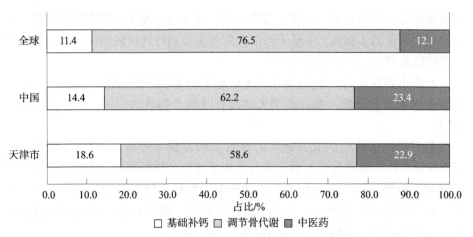

图 6-2　全球、中国、天津市骨质疏松产业结构占比

6.1.2　天津市与发达国家专利布局结构差异

表 6-3 为天津市与发达国家在各主要技术分支的专利申请量，图 6-3 示出了天津市与发达国家在各一级技术分支的占比情况。

表 6-3　天津市与发达国家在各一级技术分支的专利申请量　　　单位：项

区域	骨质疏松	骨与关节退行性疾病	神经退行性疾病	心血管退行性疾病	眼退行性疾病
美国	17 791	15 726	150 692	106 169	62 404
日本	4 378	1 262	8 140	8 504	3 956
英国	2 118	1 214	12 887	7 543	3 732
韩国	1 088	1 080	6 101	5 346	1 971
德国	1 569	522	5 163	3 091	1 042
天津市	95	320	246	968	142

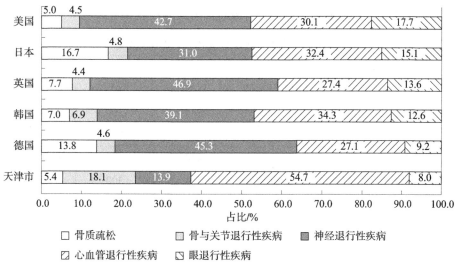

图 6-3　天津市与发达国家在各一级技术分支占比

从各技术分支占比来看，除了日本之外，其他几个发达国家均在神经退行性疾病方面进行了最大比例的专利布局，在退行性疾病产业中的占比均高于40.0% 或者接近 40.0%，天津市在该领域的专利申请量仅占退行性疾病产业总专利申请量的 13.9%，远低于各发达国家。

各发达国家也都在心血管退行性疾病方面进行了较大比重的专利布局，占比从 27.1% 到 34.3% 不等，而天津市在心血管退行性领域的专利申请量占比为 54.7%，远高于各发达国家。

可见，天津市在产业结构方面与发达国家显著不同，天津市将退行性疾病产业的重心放到了心血管退行性疾病方面，对于神经退行性疾病的关注度远低于发达国家水平，可见，天津市在神经退行性疾病领域还需要多下功夫。

各发达国家在眼退行性疾病领域的专利布局所占比重从 9.2% 到 17.7% 不等，而天津市在该领域的专利布局占比仅为 8.0%，可见天津市在眼退行性疾病方面也需要投入更多的关注。

骨质疏松领域，除了美国之外，其他几个发达国家也都投入了一定的关注，其中，日本、德国的关注度最高，分别占到 16.7% 和 13.8%，而天津市仅为 5.4%，可见天津市在骨质疏松方面较优势国家的关注度相差较远。

6.1.3　天津市龙头企业与全球龙头企业专利布局结构差异

表 6-4 为天津市与全球龙头企业在各一级技术分支的专利申请量。图 6-4

示出了天津市与全球龙头企业在各一级技术分支的占比情况。

表6-4　天津市与全球龙头企业在各一级技术分支的专利申请量　　　　单位：项

企业名称	骨质疏松	骨与关节退行性疾病	神经退行性疾病	心血管退行性疾病	眼退行性疾病
罗氏公司	100	92	845	369	155
诺华公司	226	174	737	758	521
百时美施贵宝	122	59	444	424	149
默沙东药厂	158	69	528	300	236
阿斯利康	125	21	396	270	72
辉瑞	225	112	522	820	348
天士力	0	4	10	195	5
药物研究所	6	0	7	80	1
中宝制药	0	7	1	14	0
太平洋制药	0	4	1	11	2
汉康医药	5	0	4	8	0

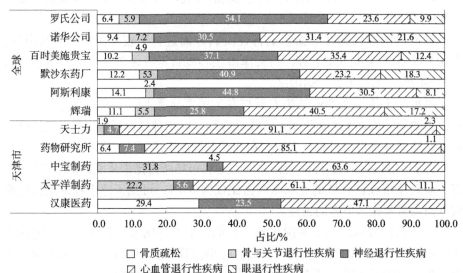

图6-4　天津市与全球龙头企业在各一级技术分支占比

　　天津市龙头企业中没有一家兼顾了退行性疾病产业的各个技术分支。申请量最大的天士力集团，其专利布局绝大部分集中于心血管退行性疾病相关药物，其他几家的布局重点也都是心血管退行性疾病；只有天津市药物研究所有限公司和汉康医药在骨质疏松领域有专利布局。

相比较来看，全球龙头企业基本上都是跨国药业巨头，专利布局遍及退行性疾病产业的各个技术分支，尽管各有侧重，但基本上都是以神经退行性疾病和心血管疾病为中心，其次是眼退行性疾病和骨质疏松，骨和关节退行性疾病所占比重在各企业都是最低的。

由此可见，天津市各龙头企业不但在数量上与国际龙头企业相差较大，在分支布局方面也不够全面，在全球老龄化趋势日益严峻的形势下，天津市的龙头企业应充分吸取各跨国企业的经验，在退行性疾病产业方面寻求更优发展。

6.1.4　小结

综上所述，天津市在退行性疾病产业的专利布局结构与产业结构基本一致，主要围绕心血管退行性疾病展开布局，与全球和各发达国家相比，在神经退行性疾病方面的关注度严重不足，在眼退行性疾病和骨质疏松方面也需要进一步加强关注。

骨质疏松方面，天津市在调节骨代谢领域的专利布局较全球和全国水平还有一定差距，关注度需要加强。

天津市在退行性疾病产业领域的龙头企业与全球龙头企业相比，技术分支布局不全面，基本上集中于心血管退行性疾病，对其他技术分支尤其是神经退行性疾病的关注度较低。

6.2　天津市退行性疾病产业企业创新实力定位

6.2.1　天津市企业专利布局的优劣势分析

表 6-5 示出了天津市和全国其余重点城市在退行性疾病产业各技术分支的创新主体总量和企业创新主体数量分布。

表 6-5　天津市与全国其余重点城市在退行性疾病产业各技术分支专利布局对比　　单位：家

城市	项目	骨质疏松	骨与关节退行性疾病	神经退行性疾病	心血管退行性疾病	眼退行性疾病
北京市	创新主体数量	240	673	641	1 349	367
	企业创新主体数量	129	232	335	662	141

续表

城市	项目	骨质疏松	骨与关节退行性疾病	神经退行性疾病	心血管退行性疾病	眼退行性疾病
上海市	创新主体数量	142	437	487	808	296
	企业创新主体数量	71	226	319	523	153
广州市	创新主体数量	105	337	263	484	146
	企业创新主体数量	48	151	129	241	75
南京市	创新主体数量	90	204	204	470	108
	企业创新主体数量	47	89	122	257	51
成都市	创新主体数量	69	266	169	387	107
	企业创新主体数量	34	109	99	210	60
天津市	创新主体数量	56	247	89	411	75
	企业创新主体数量	30	108	48	257	33

其中，天津市和其余重点城市一样，其企业创新主体均主要集中在心血管退行性疾病领域，其中北京市、上海市在心血管退行性疾病领域投入研究的企业创新主体数量均超500家，位列第一梯队，天津市和广州市、南京市、成都市位列第二梯队，在该领域投入研究的企业创新主体数量均超200家。

在神经退行性疾病领域，北京市、上海市投入研究的企业创新主体数量均超300家，位列第一梯队；广州市和南京市在该领域投入研究的企业创新主体数量均超100家，位列第二梯队；天津市和成都市在该领域进行专利布局的企业数量都不足100家，其中天津市仅有48家企业在神经退行性疾病领域有专利布局，可见天津市企业在神经退行性疾病方面的关注度和研发能力明显弱于其他几个重点城市。

在骨与关节退行性疾病领域，北京市和上海市投入研究的企业创新主体的数量都是最多的，位列第一梯队；天津市和广州市、成都市在该领域有专利布局的企业数量都超过了100家，位列第二梯队；南京市在该领域的企业创新主体的数量略少，不足100家。由此可见，天津市的企业创新主体在骨与关节退行性疾病领域具有一定的技术创新实力。

在眼退行性疾病领域，北京市和上海市投入研究的企业创新主体的数量都超过100家，广州市、成都市和南京市的企业创新主体都超过了50家，天津市在该领域有专利布局的企业数量略少，仅为33家，可见，天津市企业在眼退行性疾病方面的关注度和研发能力明显弱于其他几个重点城市。

在骨质疏松领域，北京市投入研究的创新主体和其中的企业创新主体的数量接近130家，上海市超过10家，广州市和南京市都接近50家，而天津市和成都市在该领域有专利布局的企业略少，分别为 30 家和 34 家。由此可见，上述几个城市在骨质疏松方面投入研发的企业创新主体的数量较之其他领域略少，天津市的企业在该领域虽投入了一定的关注度，但仍有较大提升空间。

6.2.2　天津市龙头企业专利竞争实力

由表 6-6 可见天津市龙头企业在各技术分支的专利申请情况，其中，各龙头企业在退行性疾病产业的专利技术主要集中于心血管退行性疾病领域，更具体的主要集中在该领域的化学药和中医药两个技术分支中，尤其是天士力和天津市药物研究所，这两家企业在这两个技术分支的专利申请量较大，这与天津市在心血管领域和中医药领域比较强的产业能力相吻合。但是，天津市各企业在心血管退行性疾病相关的生物技术领域的专利布局非常少，可见天津市企业创新主体在该技术密集领域的研发能力不足。此外，天津市各龙头企业在有关心血管退行性疾病的食品保健和诊疗材料与设备领域几乎没有技术布局，但在当今社会，人们越来越注重生活质量，家庭诊疗设备的应用也越来越广泛，天津市各龙头企业应加大对这两个技术分支的关注度，助力企业和天津市抢占市场先机。

表 6-6　天津市龙头企业专利申请技术分布情况　　　　单位：项

一级分支	二级分支	三级分支	天士力	天津市药物研究所	中宝制药	太平洋制药	汉康医药
退行性疾病	骨质疏松	基础补钙	0	0	0	0	1
		调节骨代谢	0	6	0	1	4
		中医药	0	0	0	2	0
	骨与关节退行性疾病		4	0	7	4	0
	神经退行性疾病	生物技术	0	0	0	1	0
		化学药	10	6	1	0	4
		中医药	14	3	0	1	0
		诊疗材料和设备	0	0	0	0	0
	心血管退行性疾病	生物技术	1	6	0	0	0
		化学药	127	69	2	3	9
		中医药	217	7	13	10	0
		食品保健	0	0	0	1	0
		诊疗材料和设备	1	0	0	0	0
	眼退行性疾病		5	1	0	2	0

在神经退行性疾病领域，天津市各企业的专利布局较少，并且也主要集中在化学药和中医药两个技术分支，在生物技术和相关诊疗材料、设备领域几

乎没有专利布局。可见，天津市各龙头企业应加大对神经退行性疾病领域尤其相关生物技术和相关诊疗材料、设备领域的关注。

天津市各龙头企业在骨质疏松的三个技术分支中虽都有少量专利布局，但数量非常少，可见关注度较低。天津市具有较强的中医药基础，但天津市各企业在涉及骨质疏松的中医药领域方面几乎没有专利布局，这充分说明各企业还未能有效利用天津市的优势。

综上所述，天津市各龙头企业尤其是天士力、天津市药物研究所有限公司在心血管退行性疾病的化学药和中医药分支展现出较强的技术创新能力。除此之外，天津市各龙头企业在退行性疾病产业的几个技术分支中并未体现出创新优势。整体来看，天津市各龙头企业对技术密集型技术分支如退行性疾病的生物技术的关注度较低，在除心血管退行性疾病之外的其他领域的中医药方面也未能充分发挥优势。

6.2.3 天津市龙头企业与全球龙头企业专利申请数量、质量及活跃度对比

表 6-7 列出了天津市龙头企业专利申请量、质量及活跃度与全球龙头企业的对比情况。

从整体专利申请量看，天津市龙头企业与全球龙头企业相比差距较大。

从专利活跃度看，全球龙头企业除默沙东药厂、阿斯利康近年申请活跃度较低，其他龙头企业从 20 世纪开始就一直活跃在退行性疾病产业领域。天津市龙头企业起步发展相对较晚，并且专利布局的持续性不强，近年的专利申请量也非常少。

从专利质量看，罗氏公司和百时美施贵宝的有效专利量接近 400 项，诺华公司接近 300 项，天士力在该数据方面表现亮眼，有效专利量为 121 项，超过了阿斯利康和辉瑞公司。全球龙头企业普遍重视全球范围的专利布局，特别是美国、日本、中国、欧洲等国家或地区的专利布局，并且平均同族个数都比较高，罗氏公司和诺华公司超过了 6 项，百时美施贵宝、阿斯利康和辉瑞公司均超过 5 项，而天津市龙头企业全球专利布局意识较为薄弱，除了天士力有几件国外专利申请之外，其他企业的专利申请都在国内。简单同族国家（地区）数量大于等于 5 件的专利数量的对比更加明显地反映出上述差别，全球龙头企业这一数值都超过了 500 件，而天津市企业只有天士力有 18 件满足条件。从专利被引用次数看，全球龙头企业的专利被引用次数较多，而天津市龙头企业中只有天士力有 3 件被引用次数大于 50 次的专利申请，说明天津市龙头企业专利被用作技术参照的次数较少，拥有的重要专利数量非常少。

表6-7 天津市龙头企业与全球龙头企业专利申请数量、质量及活跃度对比

	企业名称	专利申请量/项	占全球专利数量比例/%	专利活跃度		活动期限/年	授权有效专利数量/项	专利布局主要国家或地区	专利质量		
				近十年专利申请量/项	近五年专利申请量/项				平均同族专利/件	简单同族国家、地区≥5件的专利数量/件	被引用次数>50次专利数量/件
全球龙头企业	罗氏公司	1 197	0.557	416	206	1962—2023	389	[DE]207, [CN]161, [IN]106, [BR]91, [EP]89, [AT]71, [US]71, [JP]67	6	1 078	2
	诺华公司	1 042	0.485	319	168	1981—2023	298	[US]225, [CN]125, [BR]123, [JP]109, [IN]102, [AU]99, [EP]80	6.2	879	15
	百时美施贵宝	801	0.373	298	120	1975—2023	394	[US]247, [EP]149, [CN]132, [AT]101, [IT]72	5.4	605	20
	默沙东药厂	921	0.429	125	11	1968—2021	163	[AT]281, [EP]190, [US]133, [DE]82, [JP]42	4.3	600	9
	阿斯利康	628	0.292	69	37	1979—2023	69	[US]110, [JP]101, [CN]88, [IN]63	5.8	542	6
	辉瑞	99	0.461	141	65	1974—2023	118	[US]248, [JP]125, [WO]41, [EP]36	5.5	514	20
	天士力	233	0.108	7	1	1993—2021	121	[CN]233, [IN]4, [CA]3, [US]3, [WO]3	1.4	18	3
天津市龙头企业	药物研究所	91	0.042	27	2	2004—2016, 2019—2020	22	[CN]91	1.0	0	0
	中宝制药	22	0.010	1	0	2001, 2006—2009, 2015	0	[CN]22	1.0	0	0
	太平洋制药	21	0.010%	8	0	2007—2015	0	[CN]21	1.0	0	0
	汉康医药	18	0.008	8	0	2006, 2009—2013, 2015—2016	3	[CN]18	1.0	0	0

6.2.4 小结

综上，天津市退行性疾病产业的龙头企业在专利申请数量、专利授权有效量、专利布局国家数量，相比国外巨头企业，均存在较大的差距；同时，天津市退行性疾病产业技术专利在质量方面还有待提高，天津市应大力支持以天士力、天津市药物研究所有限公司等为代表的已具有较好专利基础的相关企业单位，在自身技术研发以及专利储备的基础上，针对产业进行精准的专利挖掘，做好核心专利技术专利布局，培育一批高价值专利。

6.3 天津市退行性疾病产业创新人才储备定位

6.3.1 天津市创新人才拥有量在全球/全国的占比

由表 6-8 可以看出，全球创新人才数量集中在神经退行性疾病领域，中国和天津市的创新人才数量集中在心血管退行性疾病领域。天津市在心血管退行性疾病领域的发明人数量全球占比和中国占比都相对较高，其次，天津市在眼退行性疾病领域和神经退行性疾病领域的发明人数量中国占比也相对较高。

表 6-8　天津市创新人才拥有量在全球/全国的占比

技术分类	发明人数量/个			天津市发明人全球占比/%	天津市发明人中国占比/%
	全球	中国	天津市		
神经退行性疾病	211 078	34 941	879	0.42	2.52
心血管退行性疾病	207 185	61 263	1 772	0.86	2.89
骨质疏松	47 351	11 697	218	0.46	1.86
骨与关节退行性疾病	94 308	31 223	578	0.61	1.85
眼退行性疾病	80 898	13 853	370	0.46	2.67

由此可知，天津市在心血管退行性疾病领域、眼退行性疾病领域和神经退行性疾病领域有一定的人才优势，但在其他领域创新人才储备较少，需要加强人才培养与高端人才引进。

6.3.2 天津市创新人才拥有量与其他区域创新人才拥有量的对比

从表 6-9 可以看出，退行性疾病产业国内重点城市（申请量全国排名前五位的为北京市、上海市、广州市、南京市、成都市，天津市申请量全国排名第八位）各技术领域发明人数量分布如下。

表 6-9 天津市创新人才拥有量与其他重点城市创新人才拥有量的对比　单位：人

技术分类	北京市	上海市	广州市	南京市	成都市	天津市
神经退行性疾病	4 695	4 730	2 211	1 895	1 369	879
心血管退行性疾病	6 410	5 145	2 906	2 486	1 866	1 772
骨质疏松	1 196	1 190	649	587	321	218
骨与关节退行性疾病	2 282	2 128	981	885	932	578
眼退行性疾病	6 945	6 602	3 561	2 644	688	370

北京以专利申请量为参量全国排名第一位，其在心血管退行性疾病、骨质疏松、骨与关节退行性疾病、眼退行性疾病二级技术分支的发明人数量都是全国排名第一，北京专利有多家三甲医院和"985""211""双一流"高校，高校及其附属医院具有集中科研院校资源优势，其产业基础和研发实力都很好，比如依托北京大学第三医院和北京大学医学部建立了神经退行性疾病生物标志物研究及转化北京市重点实验室；北京大学生命科学学院和基础医学院以及隶属于中国医学科学院的北京协和医学院一直致力于退行性疾病方面的研究和人才培养；北京大学第三医院骨科一直致力于退行性脊柱疾病的临床研究；中国医学科学院阜外医院、中国人民解放军总医院、首都医科大学宣武医院在全球医院申请人排名中位列前十名。

上海市在神经退行性疾病领域的发明人数量占据优势，首先，上海市具有龙头企业：上海博德基因开发有限公司的申请主要与蛋白、多肽类成分相关，上海恒瑞医药有限公司主要涉及治疗神经、心血管系统的化学药物；其次，上海市具有多个重点高校、科研院所申请人：中国科学院上海药物研究所、复旦大学、同济大学；最后，上海市具有多个医院申请人：复旦大学附属中心医院、同济医学院附属协和医院和上海市第一人民医院；上海市从教学、临床科研、企业产业化各个方面都培养了大量人才。

广州市各个二级技术分支的发明人数量大多是北京各个二级技术分支的发明人数量的一半，广州市的医院很重视退行性疾病的临床研究，聚集一定人才基础。例如，2018 年依托三附院（广东省骨科医院、广东省骨科研究院）和南方医科大学基础医学院建立了广东省骨与关节退行性疾病重点实验室；2021 年成立广州市脑神经重大疾病研究与创新技术转化重点实验室、中山大学附属第三医院脑病实验室。

江苏省神经退行性疾病重点实验室于 2007 年由江苏省教育厅批准成立，依托南京医科大学药理学国家重点学科，是科技部重大新药创制专项"防治神经退行性疾病、自身免疫性疾病和恶性肿瘤新药的临床前药效学评价技术平台"的牵头单位，也是南京医科大学药理学和毒理学、神经科学与行为学 2 个学科进入 ESI 全球排名前 1% 学科的主要贡献者，另外位于南京市的中国药科大学也是重点申请高校，南京市具有较强研发实力。

四川大学华西医院在全球医院申请人排名中位列第四名，成都的神经退行性疾病研究室成立于 2020 年，研究室依托四川大学华西医院国家老年疾病临床医学研究中心，致力于神经退行性疾病相关的临床及基础研究，拟开展多种神经退行性疾病相关的临床、影像学、遗传学及分子机制相关研究，构建多维度神经退行性疾病诊疗及预后判断体系，为相关疾病的临床诊疗提供依据。在四川大学华西医院的引领下，成都在退行性疾病领域培养了大量人才。

天津市在心血管退行性疾病领域发明人数量优势明显，由于龙头企业天士力密切关注心脑血管疾病谱演化，形成贯穿心脑血管疾病预防、治疗及康复各环节且品类齐全的产品链，为每一个处于不同生命状态的个体提供全病程心脑健康解决方案。另外，天津医科大学的刘强团队和天津中医药大学第一附属医院的赵岚团队都致力于神经退行性疾病的研究。

从各技术领域方面对比，天津市只在心血管退行性疾病领域发明人总量超过杭州，其他发明人数量与上海市、北京市、广州市、南京市、杭州市等差距较大；其中，天津市在眼退行性疾病领域的发明人数少，与产业发达地区相比存在非常大的差距。天津市还应当利用良好创新创业政策和环境等吸引集聚外部创新技术人才的加入，充分挖掘国内高校、科研院所以及企业的核心发明人资源，通过人才引进、研发合作、投资创业等多样化方式丰富充实天津市退行性疾病领域的技术创新人才梯队，为天津市退行性疾病产业的长远发展提供人力资源支撑。

6.3.3　天津市创新人才在产业链各技术环节分布情况

从表 6-10 可以看出，从细分技术领域天津市发明人数量分布来看，骨质疏松领域发明人集中在调节骨代谢，而基础补钙、中医药的专利申请量总和不及调节骨代谢的专利申请量，说明基础补钙、中医药人才储备数量不足；同理，神经退行性疾病领域的生物技术和中医药人才储备数量不足，心血管退行性疾病领域的生物技术人才储备数量不足。

表 6-10　天津市创新人才在产业链各技术环节分布情况统计

一级分支	二级分支	三级分支	发明人数量 / 个	专利申请量 / 项	人均发明量 / (项 / 人)
退行性疾病	骨质疏松	基础补钙	49	26	0.53
		调节骨代谢	197	82	0.42
		中医药	84	32	0.38
	骨与关节退行性疾病		578	320	0.55
	神经退行性疾病	生物技术	114	27	0.24
		化学药	449	153	0.34
		中医药	125	40	0.32
		诊疗材料和设备	287	72	0.25
	心血管退行性疾病	生物技术	167	58	0.35
		化学药	597	311	0.52
		中医药	458	381	0.83
		食品保健	350	164	0.47
		诊疗材料和设备	381	163	0.43
	眼退行性疾病		370	142	0.38

各三级技术分支中，除了心血管退行性疾病的中医药的人均发明量是 0.83 项 / 人、骨与关节退行性疾病的人均发明量是 0.55 项 / 人、骨质疏松中的基础补钙的人均发明量是 0.53 项 / 人、心血管退行性疾病的化学药的人均发明量是 0.52 项 / 人，其余技术分支的人均发明量都低于 0.5 项 / 人，说明多发明人合作的情况很多，大多数技术分支的研发人员研发能力较弱。

6.3.4 天津市创新人才领军人才的创新能力和竞争实力

从表 6-11 可以看出，从天津市创新型人才角度来看，本地的一些高校、科研院所、企业，各领域已经出现一批具备一定创新实力的技术创新人才。

表 6-11 天津市创新人才领军人才的创新能力和竞争实力统计

技术分类	发明人	专利申请量/项	发明人团队	所属单位
骨质疏松	高秀梅	10	刘二伟、张伯礼、樊官伟、王虹、毛浩萍、韩立峰、刘志东、王彧、王跃飞	天津中医药大学
骨质疏松	严洁	5	李轩、王志凤、黄欣	天津市汉康医药生物技术有限公司
骨质疏松	黄永亮	5	苗胜昆、郁正刚	天津天狮生物发展有限公司
骨与关节退行性疾病	刘霄飞	4	刘雁飞、张华、邱镇文	天津天堰科技股份有限公司
骨与关节退行性疾病	周英超	3	李扬、高惠明、高慧明	天津市中宝制药有限公司
骨与关节退行性疾病	李金元	3	袁锡贵、刘新春、朱未、赵健	天津天狮生物发展有限公司
神经退行性疾病	高秀梅	17	吴红华、徐砚通、刘艳庭、董鹏志、应树松、朱彦、梁爽、胡利民、陈应鹏	天津中医药大学
神经退行性疾病	王江	12	刘晨、邓斌、于海涛、李会艳、魏熙乐、张镇、常思远、杨双鸣、韩玲民	天津大学
神经退行性疾病	刘夫锋	11	路福、王英、贾龙刚、位薇、王文娟、赵文平、仵鑫妮、孙全成、崔展	天津科技大学
心血管退行性疾病	郑永锋	136	李旭、李永强、范立君、李学敏、白雨、郑军、刘金平、叶正良、朱永宏、郭治昕	天士力医药集团股份有限公司
心血管退行性疾病	刘登科	38	刘颖、穆帅、刘冰妮、刘昌孝、刘默、岳南、张士俊、谭初兵、黄长江、徐为人	天津药物研究院有限公司

续表

技术分类	发明人	专利申请量 / 项	发明人团队	所属单位
心血管退行性疾病	丛德刚	16	刘岩、刘顺航、徐波、戚可人、赵国辉、陈红	天津天士力现代中药资源有限公司
眼退行性疾病	马春梅	61		天津开发区太人生物科技有限公司
眼退行性疾病	张明瑞	31	史小文、王明坤、裴秀娟、张艳、晏飞燕、汪峰、周云霞、赵紫微、田鹍鹏	天津世纪康泰生物医学工程有限公司
眼退行性疾病	孙亮	26	胡筱芸、李静、陈立营、陈松、何光杰、杨新意、王淑丽、赵琳、卢彦昌	津药资产管理有限公司

骨质疏松：①高秀梅，教授，现任天津中医药大学校长。主要从事中医方剂基础和临床研究。整合多学科研究方法和技术，阐明了部分经典方剂的多组分、多靶点、多途径作用及减毒增效配伍的科学内涵。系统揭示了补肾助阳方剂的雌激素样作用物质基础、药理作用和临床应用特点，获得了方剂治疗心脑血管疾病和绝经综合征的高级别临床证据。建立了研发创新中药的技术体系，并成功研制 4 个中药新药（已获临床批件），授权发明专利 50 余项。建立的技术和基础研究结果成功应用于中药品种二次开发，促进了学术进步和产业发展。②严洁，中国药科大学药物合成专业学士、北京大学高级工商管理硕士。天津市汉康医药生物技术有限公司及天津汉瑞药业有限公司创始人，现任天津市汉康医药生物技术有限公司董事长兼总经理。天津市国际医药交流协会理事、中国药科大学《药学进展》理事。先后入选科技部"创新创业人才"、天津市"新型企业家培养工程"。天津市科学技术进步二等奖和三等奖、天津市滨海新区科学技术进步二等奖。

骨与关节退行性疾病：刘雁飞，天津天堰科技股份有限公司总经理兼首席技术官。

神经退行性疾病：①高秀梅，教授，现任天津中医药大学校长。②王江，天津大学教授，研究方向为"理论研究：神经系统的非线性动力学分析，脑功能与神经疾病探测，神经系统的闭环康复；应用研究：FPGA 实现大规模神经网络，工业自动控制系统，主动康复与学习系统（康复机器人），智能穿戴"。③刘夫锋，博士，天津科技大学生物工程学院教授，博士生导师。天津市特聘教授、天津市高校学科领军人才。第三届全国发酵工程技术工作委员会专家委员、中国生物发酵产业协会第三届理事会理事、天津市医学影像技术研究会基础医学影像分会常委和香江学者联谊会理事。科研领域及方向：a.工业酶分子理性设计；b.淀粉样蛋白聚集及其抑制剂开发；c.抗老年痴呆功能食品开发。

心血管退行性疾病：①郑永锋，先后毕业于北京中医药大学（医学硕士）、北京大学（法律硕士）、中国政法大学（法学博士），曾在德国专利局、慕尼黑马普知识产权研究院、美国专利商标局学习知识产权法，1988—2003年曾任国家知识和产权局专利局审查员、中药处副处长、冶金处处长。2003年任天士力控股集团有限公司法务总监。②刘登科，毕业于西安医科大学（现西安交通大学医学院），现任天津药物研究院新药创新中心研究员，长期从事新药的研究开发与知识产权保护工作。

眼退行性疾病：张明瑞，天津世纪康泰生物医学工程有限公司的研发工程师，从事人工晶状体系列产品的研发。

鉴于目前天津市发明人专利申请量突出的创新人才较少，尤其是企业领军发明人专利申请量极少，这些人才可作为重要的人才培养对象，通过多方面知识和技能培训提高整体素质和能力、加大人才激励力度。同时，还应依托天津中医药大学、天津大学、天津科技大学等高校和科研院校积极培养退行性疾病产业创新型高端人才。

6.4 天津市退行性疾病产业技术创新能力定位

6.4.1 天津市产业链各技术环节专利数量在全国/全球的对比

表6-12列出了天津市退行性疾病产业各技术环节的专利数量及全球/全国的占比情况。

在骨质疏松二级技术分支中，基础补钙方面全球及中国专利申请量占比较高，中医药方面全球及中国非失效专利申请量占比较高，天津市在骨质疏松二级技术分支中的基础补钙方面和中医药方面具有一定的技术储备。

表 6-12　天津市产业链各技术环节专利数量及在全国 / 全球的对比

一级分支	二级分支	三级分支	专利申请量 / 项			专利申请量占比 /%		非失效专利申请量 / 项			非失效专利申请量占比 /%	
			全国	中国	天津市	天津市/全球	天津市/中国	全国	中国	天津市	天津市/全球	天津市/中国
退行性疾病	骨质疏松	基础补钙	1 864	1 150	26	1.39	2.26	612	377	6	0.98	1.59
		调节骨代谢	12 543	4 959	82	0.65	1.65	4 274	1 926	25	0.58	1.30
		中医药	1 979	1 870	32	1.62	1.71	456	410	9	1.97	2.20
	骨与关节退行性疾病		28 332	23 188	320	1.13	1.38	9 724	7 153	61	0.63	0.85
	神经退行性疾病	生物技术	15 833	4 457	27	0.17	0.61	8 762	2 765	14	0.16	0.51
		化学药	46 416	20 166	153	0.33	0.76	26 673	10 477	81	0.30	0.77
		中医药	4 205	2 630	40	0.95	1.52	1 827	946	14	0.77	1.48
		诊疗材料和设备	12 061	3 949	72	0.60	1.82	6 439	2 465	36	0.56	1.46
	心血管退行性疾病	生物技术	14 315	5 592	58	0.41	1.04	7 052	2 658	17	0.24	0.64
		化学药	31 483	14 211	311	0.99	2.19	15 616	6 261	135	0.86	2.16
		中医药	11 176	9 796	381	3.41	3.89	2 432	1 819	117	4.81	6.43
		食品保健	10 406	8 470	164	1.58	1.94	2 618	1 700	20	0.76	1.18
		诊疗材料和设备	15 304	6 818	163	1.07	2.39	8 410	3 330	62	0.74	1.86
	眼退行性疾病		23 962	12 296	142	0.59	1.15	14 866	6 445	85	0.57	1.32

在骨与关节退行性疾病二级技术分支中，相比于全球及中国专利申请量占比，全球及中国非失效专利申请量占比较低，可见，天津市在骨与关节退行性疾病二级技术分支的技术储备比较薄弱。

在神经退行性疾病二级技术分支中，中医药、诊疗材料和设备方面全球及中国专利申请量占比和全球及中国非失效专利申请量占比都较高，天津市在神经退行性疾病二级技术分支中的中医药、诊疗材料和设备方面都具有一定的技术储备。

在心血管退行性疾病二级技术分支中，除了生物技术，其他方面的全球及中国专利申请量占比和全球及中国非失效专利申请量占比都较高，尤其是中医药方面的全球及中国专利申请量占比和全球及中国非失效专利申请量占比很高，整体上，天津市在心血管退行性疾病二级技术分支技术优势明显，只是在生物技术方面略显薄弱。

在眼退行性疾病二级技术分支中，相较于全球及中国专利申请量占比，全球及中国非失效专利申请量占比较高，可见，天津市在眼退行性疾病二级技术分支具有一定的技术储备。

综上所述，天津市神经退行性疾病领域最为薄弱，在心血管退行性疾病领域的部分技术方向存在技术优势。

6.4.2 天津市产业链各技术环节专利数量与典型城市的对比

如图 6-5 所示为天津市与国内其余典型城市退行性疾病各产业链的专利申请量，可以看出，与国内其余典型城市对比，除了心血管退行性疾病，天津市在其他产业链的申请量较少，特别是与北京市、上海市相比，差距较大。

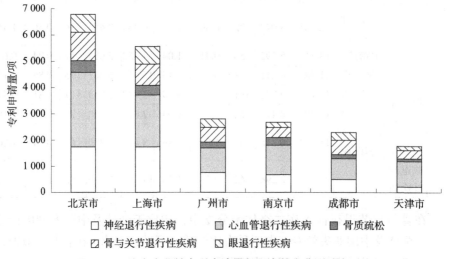

图 6-5　天津市产业链专利申请量与国内其余典型城市对比

6.5　天津市退行性疾病产业专利运营实力定位

专利运营形式多样，主要包括转让、许可、质押、诉讼、无效等，一个区域专利运营的活跃度可以反映该区域产业的活力以及产业企业在技术上的实力。

6.5.1　天津市专利运营活跃度

从表 6-13 可见，在退行性疾病产业的各技术分支中，骨质疏松领域的专利运营最活跃，运营数量占比为 10.53%，但主要运营手段为专利转让和专利许可，手段较为单一；其次是眼退行性疾病领域，运营数量占比在 8.45%，但同样也仅涉及转让和许可，手段比较单一；心血管退行性疾病领域、神经退行性疾病领域和骨与关节退行性疾病领域相对而言运营手段稍微丰富一些，包含转让、许可和质押，其中心血管退行性疾病领域的专利转让数量比较抢眼。

表 6-13　天津市专利运营活跃度

技术分类	转让 / 项	许可 / 项	质押 / 项	诉讼 / 项	无效 / 项	运营数量占比 /%
神经退行性疾病	10	3	2	0	0	6.10
心血管退行性疾病	51	4	3	0	0	5.99
骨质疏松	8	2	0	0	0	10.53
骨与关节退行性疾病	18	2	1	0	0	6.56
眼退行性疾病	11	1	0	0	0	8.45

从整体上看，天津市退行性疾病产业专利运营手段不够丰富，没有涉及诉讼和无效的专利，许可和质押专利数量也比较少，主要是涉及转让的专利，总体占比较少，活跃度不高。可通过培育高价值专利、联合第三方金融服务机构等方式提高专利转化效率。

6.5.2　天津市运营主体情况

如表 6-14 所示，从专利运营主体角度来看，天津市企业主要以转让为主，有 45 项，有部分质押、许可专利，分别为 5 项和 4 项，未涉及诉讼和无效。院校和研究所方面，专利转让数量为 17 项，许可 1 项，质押 2 项，不涉及诉讼和无效，可见天津市高校和研究所在退行性疾病产业领域具有一定的成果转化率。个人创新主体有 29 项专利转让，2 项专利许可，不涉及另外三种运营类型。医院方面仅有 4 项专利转让，运营手段较为单一。总体看来天津市企业和高校、科研机构的专利运营数量不多，手段稍显单一，科技成果转化方面不理想，个人和医院方面运营手段单一，数量也有限。

表 6-14 天津市专利运营主体专利数量 单位：项

运营方式	企业	院校 / 研究所	医院	个人
转让	45	17	4	29
许可	5	1	0	2
质押	4	2	0	0
诉讼	0	0	0	0
无效	0	0	0	0

从运营手段角度来看，转让方面，天津市主要以企业为主，其次是个人和高校、研究所，医院的参与度不高。许可方面，整体数量较少，运营主体涉及企业、高校、研究所和个人。质押方面，运营主体为企业和高校、研究所，医院及个人均没有参与。诉讼及无效方面均无运营主体参与。

综上，天津市整体运营主体类型不够丰富，数量也不算多，除专利转让以外其他运营手段使用频率过低，作为创新主体中的重要力量，医院对专利运营重视不够，影响科技成果转化，整体上可能存在专利质量较差，并非核心 / 基础专利等问题。

6.5.3 天津市运营主体的基础实力和潜力对比

6.5.3.1 运营主体基础实力

表 6-15 示出退行性疾病产业领域全国重点城市间专利运营数量对比情况。

从数量上看，北京市是专利运营数量最多的城市，共有 589 项，其次是上海市，有 409 项，广州市第三，有 210 项，南京市、成都市和天津市均未超过 200 项，其中天津市的专利运营数量为 107 项。

表 6-15 城市间专利运营数量对比 单位：项

运营方式	北京市	上海市	广州市	南京市	成都市	天津市
转让	502	341	186	134	99	93
许可	44	44	11	23	19	8
质押	32	14	8	9	10	6
诉讼	9	9	3	2	2	0
无效	2	1	2	1	0	0
合计	589	409	210	169	130	107

从专利运营方式上看，这几个城市主要集中在专利转让方面，其中北京市和上海市位居前两位，遥遥领先于其他几个城市，天津市在该方面的实力

与成都市相当，都有 90 余件。专利许可方面，北京市和上海市均有 44 件，南京市、成都市和广州市分别为 23 件、19 件和 11 件，天津市仅有 8 件。专利质押方面，北京市有 32 件，远胜其他几个城市，天津市仅有 6 件。诉讼方面，其他几个重点城市都有涉及，但数量都不多，都在个位数，而天津市无涉诉专利。无效方面，北京市、上海市、广州市和南京市均有 1～2 件，成都市和天津市不涉及。

综上分析，与全国重点城市比较可见，天津市在退行性疾病产业领域的整体专利运营数量较少，运营手段比较单一，其中专利转让、许可、质押方面运营比较活跃，诉讼和无效则完全不涉及。

6.5.3.2　运营主体潜力

表 6-16 示出退行性疾病产业领域全国重点城市间运营主体潜力对比情况。

整体来看北京市从数量上占据明显优势，授权有效专利有 1 800 余项，授权有效发明专利 1 500 余项；其次是上海市，授权有效专利 1 300 余项，授权有效发明专利数量有 1 100 余项；广州市授权有效专利 900 余项，南京市和成都市授权有效专利的数量在 600 项上下，天津市授权有效专利有 433 项，与上述几个城市略有差距。

表 6-16　城市间运营主体潜力对比　　　　　　　　单位：项

分类	北京市	上海市	广州市	南京市	成都市	天津市
授权有效专利	1 866	1 394	918	649	599	433
授权有效发明专利	1 557	1 106	693	519	473	340
公开、实质审查专利	1 102	1 201	464	394	339	173
核心专利	53	44	16	8	16	3

授权有效发明专利可以直接反映专利的质量及专利对于申请人的重要性，从授权有效发明专利占比看，北京市占比达到 83%，上海市接近 80%，广州市、南京市和成都市占比都在 75%～79%，天津市占比 78%，除了与北京市相比略有差距之外，与其他几个城市之间的水平基本相当，这说明在已获得授权的专利中，技术含量与其他几个城市没有明显差距。

公开 / 实质审查专利方面，上海市、北京市的数量分别为 1 201 项和 1 102 项，为第一梯队，广州市为 464 项，为第二梯队，南京市和成都市分别为 394 项和 339 项，属于第三梯队，天津市最少，为 173 项，与其他几个城市之间的差异比较明显。

核心专利方面，北京市超过 50 项，上海市超过 40 项，广州市和成都市有 16 项，南京市较少，有 8 项，天津市仅有 3 项。从此方面看，天津市所拥有的退行性疾病产业相关的核心专利数量与其他几个重点城市相比差距较大。

综上所述，天津市在高质量专利数量方面与全国其他重点城市相比差距明显，在已授权专利质量方面与几个城市之间的水平相当，在核心专利数量方面与几个城市之间差距较大，因而天津市在退行性疾病产业领域的高质量专利数量较少，高质量专利占比较高但核心专利较少，总体专利质量上略差，专利运营潜力有待进一步提高。

第 7 章　天津市退行性疾病产业发展路径导航

为了加快天津市退行性疾病产业的持续健康发展，基于产业发展方向和天津市现状定位的结论，通过产业发展路径规划、技术创新及引进路径、企业整合培育路径、人才培养及引进路径引导天津市退行性疾病产业的发展，为天津市政府和企业提供可行的产业发展路径。

7.1　产业结构优化路径

前文中对国内外退行性疾病产业的发展现状以及天津市退行性疾病产业的发展现状进行了分析，整体而言，在退行性疾病产业全球专利申请中，心血管退行性疾病的专利申请量最多，其次是神经退行性疾病，骨与关节退行性疾病专利申请量位列第三，眼退行性疾病专利申请量排第四位，骨质疏松专利申请量排名第五位。

中国退行性疾病专利申请中，心血管退行性疾病专利申请量最大，骨与关节退行性疾病专利申请量位列第二，神经退行性疾病专利申请量位列第三，眼退行性疾病专利申请量排名第四位，骨质疏松专利申请数量最少。与全球专利申请量分布不同的是，中国骨与关节退行性疾病的专利申请量多于神经退行性疾病的专利申请量。

在天津市退行性疾病专利申请中，各分支的排名与全国相同，但是与全国分布相比，天津市心血管退行性疾病的专利申请量占比更加突出，体现了天津市在心血管领域的创新优势，属于优势链环节。

根据前文对天津市退行性疾病产业的发展现状的分析可知，目前天津市在心血管退行性疾病的研究方面处于相对比较领先的地位，形成了以天士力为代表的龙头企业。天津市可以出台相应政策进一步引导心血管退行性疾病的发展，在现有体系的基础上进一步完善和强化上下游产业的发展，以点带面，促进整个退行性疾病产业向好发展。

通过对天士力的分析可知，天士力是一家以中药为原材料研发相关中成药的企业。天津市可以积极响应国家推动中药产业高质量发展的规划，对中药材交易、鉴定、存储、加工等全流程进行重点支持，建立中药材深加工基地，全面促进中药发展。

除了心血管退行性疾病外，天津市在骨与关节退行性疾病、神经退行性疾病、眼退行性疾病、骨质疏松等方面的研究占比相对较低，属于弱势链环节，在退行性疾病产业中的弱势链环节较多，具有较大的发展潜力。建议天津市在促进优势产业发展的同时，也要注意补齐产业短板，争取在整个退行性疾病产业都有更多的作为。

① 依托现代科学的技术手段和方法，以中医、中药为切入点，加大对退行性疾病产业的研究投入。国务院办公厅印发的《"十四五"中医药发展规划》和《天津市中医药强市行动计划（2022—2025年）》等政策文件均对提升中医药水平提出了紧迫要求。天津市中医药产业具备一定的研发实力和创新条件，为退行性疾病产业的研究打下了坚实的基础。因此，以中医、中药为切入点进行退行性疾病产业的研究应当成为天津市退行性疾病产业结构优化的核心方向。运用现代科学的技术手段和方法，对中药中的有效成分进行分析、提取，提高对退行性疾病治疗的针对性和疗效。

② 以心血管退行性疾病为产业持续发展的重点方向，巩固和加强产业优势。中成药领域是国家发展改革委修订的产业结构调整指导目录中鼓励发展的方向，是中国作为全球中药优势国家多年来创新探索的重点方向，是天津市中药产业链中发展充分且最具优势的环节。天津市中药产业在心脑血管系统用药上已经具有较强的研发实力和较好的创新资源条件，应当通过创新驱动进一步巩固产业优势丰富特色产品，巩固产业链优势，锻造产业链长板，并带动上下游相关技术链条的发展。

③ 以骨与关节退行性疾病、神经退行性疾病、眼退行性疾病、骨质疏松等为产业结构调整的重点扶助方向，增强产业链弱势。中国是人口大国，也是正在进入人口老龄化的大国，是各类退行性疾病的高发区域，对于退行性相关药物有着强烈需求，是全球相关药企争相布局的市场。国家在骨骼健康、老年痴呆、老龄化、中药创新方面也都有相关的政策，能够助力相关退行性疾病的药物创新。因此，以骨与关节退行性疾病、神经退行性疾病、眼退行性疾病、骨质疏松等为产业结构调整的重点扶助方向，出台扶助政策及实施细则，引导滞后型生产企业转型升级，打通产学研全链条，填补天津市中药产业链的弱势环节，提升天津市退行性疾病产业整体竞争力。

在退行性疾病产业中，国外尤其是美国、瑞士、瑞典、日本等国家的专利申请人占据了领先地位，在进行相应产业的研发时，一定要做好市场调研和技术分析，以避免可能产生的专利纠纷。在退行性疾病产业研发过程中，尤其要重视全球巨头的发展路线，例如，弗哈夫曼拉罗切有限公司、诺华公司、百时美施贵宝公司、默沙东药厂、辉瑞公司、惠氏公司、阿斯利康制药有限公司等，以随时掌握业内的发展动态，找准不同公司在不同产业的发展定位。

7.2　企业培育及引进路径

本项目在第3章中梳理了国内外退行性疾病产业主体的专利布局情况，涉及主要竞争主体包括企业、个人和高校院所，由前面梳理的内容可知：全球专利申请人以企业申请人为主，占比53%；其次是个人，占比21%；院校/研究所的申请人占比为20%，排名第三位。表7-1列出中国退行性疾病申请人排名，通过对退行性疾病产业的一级技术分支的国内外申请人进行分析，能够明确各个技术领域中的主要竞争主体。对于天津市而言，可以通过申请人分析结果寻找适合自己的合作伙伴、摸清竞争对手实力储备甚至寻找中试平台的客户来源等。从产业角度来看，对于骨质疏松的发展需求，可以快速锁定国外排名较高的辉瑞公司、诺华公司、赛诺菲，以了解产业发展趋势；可以快速锁定国内的正大制药（青岛）有限公司等企业；也可以锁定广东医科大学、中国科学院上海药物研究所、中国药科大学等高校进行合作。对于拟合作的企业，也能快速找出其涉及的退行性疾病产业领域，并快速定位该主体在相应的细分方向上的优势，以便开展合作以及进一步培育引进，天津市亦可以根据实际情况，尝试与其开展合作研发或委托研发等事宜。

天津市可以积极引入国内外优势企业，激活产业集群的竞争，促进企业健康发展。专利申请量可以作为衡量企业技术实力的一个重要指标。除了关注企业的专利申请数量外，还要注意专利质量，可以从海外专利申请量，专利的实施情况，法律状态，发明专利占比等方面对专利的质量进行评估。另外专利的申请趋势也是评价公司发展前景的重要指标，公司有稳定持续的专利产出，表明公司有强大稳定的研发队伍，有明确的发展目标，具有一定的技术实力。

中国退行性疾病专利申请人排名见表7-1。

表7-1 中国退行性疾病专利申请人排名

单位：项

骨质疏松 当前申请（专利权）人	专利申请量	骨与关节退行性疾病 当前申请（专利权）人	专利申请量	神经退行性疾病 当前申请（专利权）人	专利申请量	心血管退行性疾病 当前申请（专利权）人	专利申请量	眼退行性疾病 当前申请（专利权）人	专利申请量
正大制药（青岛）有限公司	87	余内迟	86	中国药科大学	224	天士力医药集团股份有限公司	206	上海博德基因开发有限公司	1490
广东医科大学	50	中国药科大学	54	中国科学院上海药物研究所	212	北京奇源益德药物研究所	169	浙江大学	207
中国科学院上海药物研究所	44	中国科学院上海药物研究所	50	广东东阳光药业股份有限公司	211	中国药科大学	144	复旦大学	198
蒋晓红	42	广东东阳光药业股份有限公司	48	江苏恒瑞医药股份有限公司	161	苏州知微堂生物科技有限公司	140	中山大学中山眼科中心	191
中国药科大学	34	山东轩竹医药科技有限公司	41	复旦大学	159	杨洪舒	140	广东东阳光药业股份有限公司	152
中国人民解放军第二军医大学	29	浙江大学	36	浙江大学	149	广东东阳光药业股份有限公司	135	上海博道基因技术有限公司	144
江苏恒瑞医药股份有限公司	23	江苏恒瑞医药股份有限公司	31	上海恒瑞医药有限公司	142	复旦大学	134	温州医科大学	138
上海恒瑞医药有限公司	21	上海恒瑞医药有限公司	28	中山大学	136	浙江大学	119	江苏恒瑞医药股份有限公司	133
中山大学	21	轩竹生物科技股份有限公司	28	中国医学科学院药物研究所	136	江苏恒瑞医药股份有限公司	101	中国科学院上海药物研究所	126
中国医学科学院药物研究所	20	吉林大学	27	上海博德基因开发有限公司	126	中国人民解放军第四军医大学	89	中国药科大学	124

7.2.1　天津市内企业培育与整合路径

对天津市在退行性疾病产业发展而言，其内部企业整合培育显然是最快速也最容易入手的提升路径，因此，本项目首先按照天津市退行性疾病产业领域现有技术重点发展企业／研究机构在各个技术细分领域的专利状况进行分析。在骨质疏松领域，天津中医药大学、天津天狮生物发展有限公司、天津药物研究院有限公司等具有一定的研究基础；在骨与关节退行性疾病领域，天津天狮生物发展有限公司、天津大学、天津市中宝制药有限公司等有一些专利申请；在神经退行性疾病领域，天津大学、南开大学、天津中医药大学、天津科技大学等科研院校具有一定的技术实力；在心血管退行性疾病领域，天士力一枝独秀，具有雄厚的技术基础，除此之外，天津药物研究院有限公司也具有较强的研发实力；在眼退行性疾病领域，天津开发区太人生物科技有限公司、天津大学、天津世纪康泰生物医学工程有限公司、天津医科大学眼科医院等具有较好的专利布局。

（1）整合退行性疾病产业具有一定基础的重点企业，进一步培育其成长为产业龙头企业。例如，天士力在心血管退行性疾病领域尤其是在中药领域具有丰富的经验和技术积累。天津市可重点支持和培育该公司在心血管退行性疾病领域的技术研发和产品开发，进一步鼓励和引导在上述技术领域的专利布局。并且随着我国老龄化程度的日益加剧，心血管退行性疾病的发病人数也越来越多，对心血管退行性疾病的研究具有广阔的市场前景。

（2）协同创新，强强联合。天津市拥有不少师资雄厚、科研实力强大的知名高校，如南开大学、天津大学等，天津市可以出台政策促进校企联合，鼓励学校科研成果落地转化，通过优势互补，加快打造具有一定竞争实力的龙头企业。在神经退行性疾病领域，天津大学、南开大学、天津中医药大学、天津科技大学等科研院校均具有一定的技术实力，天津市可以通过促进神经退行性疾病领域的校企联合、专利转化等来促进神经退行性疾病领域产业的发展。

（3）鼓励企业以科技促转型，以科技谋发展。在竞争日益激烈的当前，只有掌握核心技术，掌握先进技术才能更好地实现发展。天津市应该制定政策吸引人才、引进人才、留住人才，鼓励企业进行科技创新，提高企业的科研能力和创新能力，加快企业转型、发展。

7.2.2　国内外优势企业引进路径

虽然天津市在心血管退行性疾病领域具有一定的基础，但是与国内的发展水平仍有差距，并且其发展重点主要集中在中药方向，与国外的研发重点存在一定的区别；在骨质疏松领域及骨与关节退行性疾病领域与国内领先企业差距更大。因此，天津市除了培育本地龙头企业以外，还应该引入国内优势企业，以技术创新激活产业发展。从产业角度看，引进企业需要考虑企业涉及技术领域与天津市发展领域的匹配，企业自身竞争优劣势等。

在骨质疏松领域，正大制药（青岛）有限公司、恒瑞医药等在该领域具有较多的专利储备，说明其具有较强的研发实力，可予以关注。此外，需要注意的是，在骨质疏松领域，广东医科大学、中国科学院上海药物研究所、中国药科大学、中国人民解放军第二军医大学、中山大学、中国医学科学院药物研究所等均具有较多的专利储备，说明它们在骨质疏松领域具有专业人才，可以考虑对相应的人才进行引进或者在产业转化等方面进行合作。

在骨与关节退行性疾病领域，中国药科大学、中国科学院上海药物研究所、广东东阳光药业股份有限公司、山东轩竹医药科技有限公司、浙江大学、恒瑞医药等研究相对比较深入，可以考虑在相关领域建立合作关系。在神经退行性疾病领域，除了广东东阳光药业股份有限公司、恒瑞医药等公司申请量比较大以外，申请人主要集中在高校，如中国药科大学、中国科学院上海药物研究所、复旦大学、浙江大学、中山大学等。在眼退行性疾病领域，上海博德基因开发有限公司申请量遥遥领先，说明其在国内具有较高的技术储备。

虽然天士力医药集团股份有限公司在心血管退行性疾病领域具有突出的实力，但是根据对其专利申请进行分析可知，其研发重点集中在中医药方面。而现在采用化学药治疗心血管退行性疾病是主要的治疗方式，国内外医药公司的研发方向也主要是化学药，天津市可以鼓励天士力在发展中医药的同时，采用现代科技手段对中医药的有效成分进行分析、提取，在中医药的基础上，发展化学药的研发。

退行性疾病产业涉及的范围广、跨度大，不同细分领域之间的情况完全不同，并且由于药物研发具有前期投资高、研发周期长等特点，小、多、散的企业格局难以承担研发和产品推广的经费压力，进而导致市场被龙头企业长期垄断。因此，在一些研发基础比较薄弱、起点比较低的领域，可以考虑引入国外企业，由于国内市场足够大，一些跨国企业希望在中国建立分支机构。如果天津市能够引入跨国龙头企业，将在很大程度上提高天津市的创新活力，促进医疗产业集群的形成和发展。

国外公司不仅在专利数量方面与国内靠前的龙头公司相比有较大优势，而且在专利技术领域的布局比较全面、专利质量较高、保护效果好，并可有效利用专利壁垒实现市场和技术的引领，这一点不容忽视。国外优势企业的关注、追踪也是天津市动态调整未来发展方向的主要手段之一，通过跟踪国外优势企业发展方向的变化，及时调整应对策略，并且修正自身发展方向。

7.3　创新人才培养及引进路径

7.3.1　创新人才培养路径

建议天津市优先支持本地退行性疾病方面具有创新实力、拥有核心专利技术 的创新人才，鼓励创新人才向关键产业环节集聚。

表7-2整理了天津市科研机构创新人才。天津市可以利用天津市已有的人才基础，加强退行性疾病人才的培养。建议天津市通过人才引进项目和产学研的对接，鼓励重点企业与科研院校共同培养实践型人才。另外，天津市退行性疾病的企业要在现有人才团队的基础上，加强企业内部创新人才的培养。一方面，要积极关注内部员工的职业晋升和发展，制定技术创新奖励办法，将技术创新纳入职位考核和晋升体系；另一方面，积极鼓励骨干技术人员自主提升，定期为内部员工提供技术培训，提升员工专业技术水平，可以邀请产业资深专家学者到企业进行技术指导交流，也可以派遣员工参与产业界和学术界的课程培训学习。

表 7-2　天津市科研机构创新人才

技术分类	发明人	专利申请量/项	所属单位	主要研发方向
骨质疏松	张伯礼	4	天津中医药大学	心脑血管疾病防治和中医药现代化研究工作
	高秀梅	8	天津中医药大学	现代中药发现与中药方剂配伍规律研究，在植物性雌激素组织特异性、基于神经递质的方剂配伍减毒增效研究
骨与关节退行性疾病	薛强	4	天津科技大学	人体头颈部生物力学，多功能智能轮椅设计及制造，医疗康复机器人设计及制造
神经退行性疾病	高秀梅	17	天津中医药大学	现代中药发现与中药方剂配伍规律研究，在植物性雌激素组织特异性、基于神经递质的方剂配伍减毒增效研究
心血管退行性疾病	高秀梅	7	天津中医药大学	现代中药发现与中药方剂配伍规律研究，在植物性雌激素组织特异性、基于神经递质的方剂配伍减毒增效研究

续表

技术分类	发明人	专利申请量/项	所属单位	主要研发方向
眼退行性疾病	吴骏	14	天津工业大学	基于图像相位信息的糖尿病视网膜病变眼底图像自动分析软件系统，基于相位信息的 DR 眼底图像目标提取方法研究
	张芳	13	天津工业大学	决策优化理论及其应用，非线性动力学理论及复杂系统理论在供应链建模及其应用

7.3.2 创新人才引进/合作路径

表 7-3、表 7-4 分别列出了国内在退行性疾病领域申请量较多的科研院所和企业的主要发明人。天津市企业可以通过与这些创新人才进行产学研合作或通过人才引进，来提升自身的研发水平。另外，建议天津市聘请这些科研院所或企业的专家作为退行性疾病产业特邀学者，定期开展技术交流活动，指导天津市退行性疾病产业的技术发展。

表 7-3　国内科研高校人才引进或合作列表

技术分类	发明人	所属单位	专利申请量/项	擅长领域
骨质疏松	崔燎	广东医科大学	41	骨细胞分化调控机制与骨质疏松防治研究；中药与天然药物防治骨质疏松症及衰老相关疾病研究
	吴铁	广东医科大学	38	抗炎免疫药理，骨质疏松药理，皮肤与抗肿瘤药理
骨与关节退行性疾病	王振虎	黄河科技学院	22	机械，特种加工
	崔燎	广东医科大学	17	骨细胞分化调控机制与骨质疏松防治研究；中药与天然药物防治骨质疏松症及衰老相关疾病研究
神经退行性疾病	邓勇	四川大学	47	抗神经退行性疾病药物研究；药物合成工艺及产业化研究
	桑志培	四川大学	39	药物分子设计、结构和成药性优化及作用机制研究；靶向 PDE 药物开发；生物活性肽研究
	杜冠华	中国医学科学院药物研究所	37	药物发现的理论和技术研究，特别是在高通量药物筛选、神经药理学和心脑血管药理学领域进行了大量研究工作，主持建立了我国第一个高通量药物筛选体系

技术分类	发明人	所属单位	专利申请量/项	擅长领域
心血管退行性疾病	王颖	沈阳药科大学	61	
	黄薇	复旦大学上海人类基因组研究中心	61	从事分子遗传学、基因组学和系统生物学在复杂性状疾病中的应用研究
眼退行性疾病	谢毅	复旦大学	81	人类基因功能研究；生物信息学；生物芯片

表7-4　国内企业高层次人才引进或合作列表

技术分类	发明人	所属单位	专利申请量/项
骨质疏松	杨洪舒	苏州知微堂生物科技有限公司	140
	郑永锋	天津天士力制药股份有限公司	136
骨与关节退行性疾病	金传飞	广东东阳光药业有限公司	25
	吴永谦	通化济达医药有限公司北京四环制药有限公司	24
神经退行性疾病	毛裕民	上海博德基因开发有限公司	145
	金传飞	广东东阳光药业有限公司	101
心血管退行性疾病	杨洪舒	苏州知微堂生物科技有限公司	140
	郑永锋	天津天士力制药股份有限公司	136
眼退行性疾病	毛裕民	上海博德基因开发有限公司	1566

7.4　技术创新及引进路径

7.4.1　技术研发方向选择

通过分析天津市退行性疾病产业发展方向支撑政策、整体申请态势、龙头企业研发热点、协同创新热点、新进入者热点及天津市技术优势，帮助天津市企业定位技术研发方向（表7-5）。

综上分析，建议将神经退行性疾病中的化学药、心血管退行性疾病中的化学药、中医药、食品保健以及眼退行性疾病作为天津市优先鼓励技术研发方向。

表 7-5　退行性疾病产业技术研发方向建议

一级分支	二级分支	三级分支	天津市支撑政策	整体申请态势	龙头企业研发热点	协同创新热点	新进入者热点	天津市技术优势	结论
退行性疾病	骨质疏松	基础补钙							
		调节骨代谢		*			*		
		中医药			*				
	骨与关节退行性疾病				*		*		
	神经退行性疾病	生物技术	*						
		化学药	*	*		*	*	*	√
		中医药	*			*			
		诊疗材料和设备	*	*					
	心血管退行性疾病	生物技术	*						
		化学药	*		*	*	*	*	√
		中医药	*		*	*	*	*	√
		食品保健	*				*	*	√
		诊疗材料和设备	*				*	*	
	眼退行性疾病			*	*	*	*		√

注：＊表示分析得出的热点方向；"√"表示建议的研发方向。

7.4.2　技术创新发展路径

根据天津市退行性疾病产业结构、企业实力、人才、技术创新实力及专利运用定位分析，给出各技术发展路径。

7.4.2.1　自主研发

目前天津市在骨与关节退行性疾病、心血管退行性疾病、眼退行性疾病均存在一批本土优势企业，如天津世纪康泰生物医学工程有限公司、天津优视眼科技术有限公司、天士力医院集团股份有限公司、天津药物研究院有限公司。上述技术储备较多，因此建议给予上述企业资金和政策的专项支持，鼓励上述企业加大自主创新力度，以高端发展为目标，培育其成长为全产业链型国际巨头：①通过基金支持、创业投资、贷款贴息、税收优惠等方式，大力扶持上述企业的创新活动，建立健全知识产权激励和知识产权产交易制度，支持企业大力开发具有自主知识产权的关键技术，形成自己的核心技术和专有技术。②以重点项目为依托，增加财政支持基数，协调社会各方予以连续经费扶持和重点服务，确保龙头产业的技术创新成果掌握在自己手中，并促进其进一步规模化。

7.4.2.2　委托研发或联合研发

天津市在骨质疏松、神经退行性疾病方向也存在一批企业，如天津天狮生物发展有限公司、天津市中宝制药有限公司、天津市汉康医药生物技术有限公司，但企业技术储备较少，国内部分高校及研究所也拥有一批在上述技术方向开展研究的优秀人才，天津市企业可与其开展合作开发，具体名单见表7-6。

表7-6　退行性疾病产业委托研发或联合研发建议

技术分类	发明人	专利申请量/项	发明人团队	所属单位
骨质疏松	崔燎	49	吴铁、邹丽宜、于琼、刘钰瑜、张新乐、吴怡、吕思敏、林坚涛、丁喜生、唐林志	广东医科大学
骨质疏松	谢毓元	12	严雪铭、杨春皓、吴希罕、王军波、王明伟、吉庆刚、徐广宇、谢雨礼、陈冬冬	中国科学院上海药物研究所
骨质疏松	张巧艳	15	秦路平、韩婷、辛海量、郑承剑、张宏、蒋益萍、马学琴、曹大鹏、薛黎明	中国人民解放军第二军医大学
骨质疏松	李萍	7	李飞、于佳琳、齐炼文、俞友强、周亚萍、姜艳、季晖、徐晓军、李勇	中国药科大学
神经退行性疾病	蒋华良	37	丁健、耿美玉、章海燕、李佳、谢欣、张翱、沈竞康、陈凯先、唐希灿	中国科学院上海药物研究所
神经退行性疾病	孙昊鹏	22	冯锋、柳文媛、曲玮、李琦、蒋学阳、陈瑶、卢鑫、杨鸿瑜、刘弈君	中国药科大学
神经退行性疾病	戚建华	22	向兰、罗燕、高丽娟、孙恺悦、曲媛、曹时宁、李金优、叶英、陈玲	浙江大学
神经退行性疾病	毛裕民	16	谢毅、李瑶	复旦大学
神经退行性疾病	李庆	15	李庆、王忠、余志刚、林永成、蔡小玲、高俊平	中山大学

7.4.2.3 技术引进

天津市在骨质疏松二级技术分支的基础补钙和中医药、神经退行性疾病二级技术分支的生物技术、心血管退行性疾病二级技术分支的生物技术方面比较薄弱，可作为天津市突破点，在缺失细分领域引入优势企业，尤其是国外优势企业，在业内逐渐形成天津市退行性疾病产业特色，提高天津市在退行性疾病行业中的知名度和话语权，建议重点引进和国内外优势企业见表7-7。

表 7-7　退行性疾病产业技术引进建议

技术方向		企业名称	专利数量 / 项
骨质疏松	基础补钙	安进公司	115
		威斯康星校友研究基金会	109
		百时美施贵宝公司	95
		诺华公司	91
		第一三共株式会社	83
		史密丝克莱恩比彻姆公司	62
		沃尼尔·朗伯公司	58
		默沙东药厂	55
		NPS 药物有限公司	46
		帕拉法姆有限公司	45
		弗哈夫曼拉罗切有限公司	43
		默沙东公司	37
		辉瑞产品公司	36
		艾默根佛蒙特有限公司	32
		日本烟草产业株式会社	31
		盖尔德马研究及发展公司	28
		沃纳奇尔科特有限责任公司	28
		白奥诺里卡制药股份公司	25
		钙医学公司	24
		美国礼来大药厂	24
		武田药品工业株式会社	21
		边缘生物科技有限公司	20
		旭化成制药株式会社	20
		先灵大药厂	19
		艾玛菲克有限公司	18
		马克专利公司	18
		沃泰克斯药物股份有限公司	18

技术方向		企业名称	专利数量/项
骨质疏松	中医药	威玛舒培博士两合公司	16
		大冢制药株式会社	15
		韩国韩医学研究院	11
		上海药港生物技术有限公司	10
		成都果睿医药科技有限公司	10
		LG生活健康股份有限公司	10
		济南昊雨青田医药技术有限公司	10
神经退行性疾病	生物技术	渤健马塞诸塞州股份有限公司	742
		健泰科生物技术公司	643
		IONIS制药公司	614
		耶达研究及发展有限公司	590
		法国国家健康医学研究院	522
		艾伯维公司	449
		诺华公司	412
		弗哈夫曼拉罗切有限公司	393
		安进公司	390
		惠氏公司	384
		建新公司	349
		沃泰克斯药物股份有限公司	332
		通用医疗公司	319
		爱思免疫有限公司	284
		库尔纳公司	271
		阿尔尼拉姆医药品有限公司	260
		武田药品工业株式会社	256
		百时美施贵宝公司	254
		4D制药研究有限公司	233
		瑞泽恩制药公司	202
		H隆德贝克有限公司	201
		美国礼来大药厂	201
		詹森生物科技公司	200
		特拉维夫大学拉莫特有限公司	185
		耶路撒冷希伯来大学伊森姆研究发展公司	182
		沃雅戈治疗公司	182
		阿莱斯贸易有限公司	177
		拜耳股份公司	177
		默沙东药厂	170

续表

技术方向		企业名称	专利数量 / 项
心血管退行性疾病	生物技术	诺华公司	684
		诺沃挪第克公司	485
		艾伯维公司	427
		西兰制药公司	402
		健泰科生物技术公司	394
		阿尔尼拉姆医药品有限公司	385
		瑞泽恩制药公司	363
		百时美施贵宝公司	338
		安进公司	313
		赛诺菲公司	308
		勃林格殷格翰国际有限公司	305
		阿塞勒隆制药公司	290
		通用医疗公司	275
		弗哈夫曼拉罗切有限公司	254
		武田药品工业株式会社	229
		CURAGEN CORP	205
		上海泽生科技开发股份有限公司	195
		辉瑞公司	193
		IONIS 制药公司	171
		雅培制药有限公司	147
		艾普森药品公司	147
		库尔纳公司	147
		阿斯图特医药公司	142
		詹森药业有限公司	139
		渤健马塞诸塞州股份有限公司	136
		康德生物医疗有限公司	134
		拜耳股份公司	131
		美国礼来大药厂	120

7.5 专利布局及专利运营路径

图 3-3 示出了 2000 年以来（截至 2023 年 8 月）天津市退行性疾病产业的专利申请趋势，天津市专利申请量在 2000—2004 年快速增长，此后波动性增长，至 2015 年达到最高点，突破 110 项，2016 年专利申请量基本保持不变，

此后略有下降，基本保持在每年 80 项左右。从专利申请量上看，自进入 2000 年以来，天津市退行性疾病产业整体向好，具有较高的创新活力，但研发基础相对稳定，专利申请量的增长速度低于其他重点城市。

并且，除了心血管退行性疾病分支以外，天津市在退行性疾病各细分领域的专利申请量明显落后，核心专利较少，专利质量有待提高，可以考虑扩大创新投入或引入新生力量。

7.5.1　专利布局路径

7.5.1.1　提升专利质量

自 2000 年以来，国内退行性疾病相关专利申请量显著增加，特别是 2011—2016 年呈现爆发式增长，这主要得益于我国知识产权意识的加强，特别是《国家知识产权战略纲要》《中医药传统知识保护研究纲要》等战略性指导文件的实施起到了积极的促进作用。但是在专利申请量爆发式增长的同时，专利质量却呈现"断崖式"下跌，这与短期不合理的政府奖励政策刺激有很大关系。从不同类型的专利申请人来看，新生医药企业、地方医院和个人申请人的专利质量较低，而大型现代化医药企业和高校研究院所的专利质量较高。因此，在提高退行性疾病研发投入的基础上，应及时转变政府专利奖励政策导向，完善专利成果考核机制，提升技术创新水平，转变专利布局以量为先的观念，稳抓专利质量，实现专利申请由量到质的转变。专利申请文件撰写时应充分考虑技术、产品对市场的垄断，尽可能维护企业利益扩大保护范围，对可能的技术方案、技术路线进行仔细研究和分析，在申请文件提交前进行检索分析，学习借鉴相关先进技术，凸显自身的技术优势，确保专利能够获得授权，促进行业和企业专利质量的提高。着力培育企业的高价值专利，以优质专利培育掌握一批核心技术专利。

7.5.1.2　加强专利布局

天津市退行性疾病企业要在深入了解、把握各细分领域的发展现状和趋势前景的基础上，分析企业发展的外部机会与威胁，根据自身的发展状况，剖析企业发展的优势与劣势，准确合理地定位所处产业链地位，以"数量布局，质量取胜"为理念，做好专利布局规划，明确未来的发展路径。在心血管退行性疾病等具有一定基础的细分领域，企业可在保持自身技术优势的基础上，积极进行新技术开发。根据国外国内行业技术的发展，及时调整企业技术研究和产品开发的方向，同时扩大企业在关键技术领域的专利储备规模，增强企业参与市场竞争的技术和知识产权优势。

对于神经退行性疾病等研发门槛较高的领域，可以鼓励企业与高校合作，从基础开始，研发出具有自主知识产权的核心技术。依托核心技术，布局一批基础专利，然后对专利进行进一步挖掘，构建形成"核心专利＋外围专利"的专利网，做好本领域的专利布局。在专利申请前做好查新检索，避免因创造性低或者重复申请，避免浪费。针对骨质疏松、骨与关节退行性疾病、眼退行性疾病等具有一定基础，并且竞争比较激烈的领域，可以对标各个领域的龙头企业，找准该领域的发展方向，及时调整研究方向，把研究成果及时以专利的形式保护下来。

另外，天津市退行性疾病行业申请人在海外市场进行专利申请数量较少，因此，需推动天津市创新主体加大海外专利布局，推动东天津市退行性疾病产业形成具备国际竞争优势的知识产权领军企业，尤其是涉及出口的重点企业，一方面在客户所在国进行专利申请，降低知识产权风险，确保产品顺利出口，另一方面要在竞争对手所在国进行专利布局，确保市场的占有。总之，现有产品出口的国家要申请布局专利，保障产品出口，降低知识产权风险；未来企业需要扩张的国家也要布局专利，有效地推进产品出口。

7.5.2 专利运营路径

根据天津市退行性疾病产业专利运营实力分析的结果，可知天津市专利运营整体活跃度不高，主要存在以下问题：从专利运营数量上看，眼退行性疾病是专利运营活跃度较高的领域，而神经退行性疾病的专利运营活跃度较低；从运营方式上看，主要以转让为主，其他方式包括许可、质押、诉讼、无效的运营数量均为个位数；从运营实力及潜力上看，与其他对标城市相比，排名较靠后。可见，天津市退行性疾病产业在专利质量及专利转化应用等方面有较大的提升空间，专利运营基础较弱，运营潜力低于对标城市。

考虑到以上问题，建议天津市可以考虑通过推动产学研合作强化专利运营，促进科技成果转化，以解决专利运营困难的问题。例如，在神经退行性疾病领域，天津市高校等具有一定的专利储备，但是其专利运营数量却比较低，可以通过鼓励转化的方式将获得的科研成果变为产业产品；通过建立知识产权服务平台，开展知识产权运营服务，为专利权人提供运营助力，以解决运营积极性不高的问题，推动退行性疾病产业创新发展。

以下是专利运营路径详细建议：

（1）建立行业联盟，构建专利池。

目前天津市退行性疾病企业以小企业为主，普遍存在专利申请量少、缺乏高价值专利的问题，可以通过形成产业技术创新联盟，定期举办技术交流和行业峰会活动，为盟友创造交流学习平台；联盟集中了相关企业，有助于产业链建设；联盟的建立也可以促进人才的流动，能够进一步吸引人才。此外，通过企业和高校间的互相合作，实现资源尤其是技术资源的共享，从而提升产业技术创新和推动产业转型升级。构建专利池，对天津市退行性疾病的相关企业的核心专利进行筛选研究，形成构建知识产权联盟所需的专利池。进一步联合天津市在退行性疾病拥有较多专利的各大高校加入知识产权联盟。

（2）推动产学研合作，强化专利运营。

高校、科研院所、专家与企业对接和合作可形成较明显的优势互补，帮助企业解决技术难题、促进科技成果转化。促进企业和高校科研机构对接可以采取以下措施：一是建立产学研合作信息平台，及时提供企业技术研发需求和高校科研机构信息，促进产业内企业与科研机构的信息对接；二是对知识产权运营服务公司开展的专利运营项目，政府给予一定项目资金支持，使高校科研机构、知识产权运营机构及企业形成有效联动，盘活全市创新主体的专利价值，推动专利有效实际运用于产业；三是引导国内重点高校和科研机构进入产业集聚区，与产业集聚区共建工程研究中心、专业化实验室等，为产业集聚区提供技术支撑，整合产业集聚区研发资源，例如，可考虑引导天津市的企业与各区的高校在神经退行性疾病等领域创建产、学、研相结合的技术创新体系，共享研究资源，促进科研成果相互转化、共享共赢。

（3）深挖企业专利价值，支持企业专利质押融资。

完善知识产权评估、流转体系，建设知识产权评估数据服务系统，设立知识产权质权处置周转金和知识产权投资基金，积极探索实现知识产权债券化、证券化；设立知识产权质押融资风险补偿基金，引导银行业金融机构实施知识产权质押专营政策。